国际流行时尚服装设计丛书

HANSHI LIUXING NVZHUANG SHEJI

韩式流行
女装设计

陈桂林 著

U0390088

化学工业出版社

·北京·

《韩式流行女装设计》从韩式女装的流行元素入手，紧紧围绕韩式女装的独有特点，分别从细部设计、造型设计、色彩设计三个视角出发，并通过大量当前时尚流行的韩式女装款式详细阐述了韩式女装的流行特点、风格分类、设计工作流程。书中配有款式搭配效果图、款式图、工艺注解及各种细节设计，让读者掌握韩式女装设计的整个流程，从而提高实际设计能力。同时，希望通过这种形式，引导服装设计师更好地掌握韩式女装的风格特点，以便更好理解如何利用流行资讯、灵感来源以及借鉴经典款式进行二次开发设计，从而形成设计师自己的独特风格，诠释独特的设计理念。

《韩式流行女装设计》设计的款式流行、时尚，图片精美独特，内容丰富，实践性强。本书旨在对新一代韩式女装设计师进行引导、激发和训练，是从事服装产品开发的设计人员从业的参考书。本书也可作为服装院校、服装专业培训机构培养应用型、技能型人才的教学、培训用书。

图书在版编目（CIP）数据

韩式流行女装设计 / 陈桂林著. — 北京：化学工业出版社，2013.10（2016.8重印）
（国际流行时尚服装设计丛书）
ISBN 978-7-122-18479-5

Ⅰ.①韩… Ⅱ.①陈… Ⅲ.①女服－服装设计 Ⅳ.①TS941.717

中国版本图书馆CIP数据核字(2013)第222342号

责任编辑：李彦芳　　　　　　　　装帧设计：知天下
责任校对：王素琴

出版发行：化学工业出版社(北京市东城区青年湖南街13号　邮政编码 100011)
印　装：北京彩云龙印刷有限公司
889mm×1194 mm 1/16　印张14　字数300千字　2016年8月北京第1版第4次印刷

购书咨询：010-64518888(传真：010-64519686)　售后服务：010-64518899
网　　址：http://www.cip.com.cn
凡购买本书，如有缺损质量问题，本社销售中心负责调换。

定　　价：88.00元　　　　　　　　版权所有　违者必究

把设计传递给大家

　　服装是人类文明进步的重要文化载体，承载了人类对于美好生活的期望。人们对于不同风格、不同特点服装的选择表达了一种生活方式和生活态度。从某种意义上来说，服装折射了人类文明进步的程度，体现了当下社会生产方式和生活方式的有机统一。

　　改革开放三十多年来，中国服装产业充分发挥比较优势，充分利用两种资源、两个市场，实现了健康快速发展，成为全球规模最大、产业链体系最完整、综合竞争力最强的产业之一。内需已成为中国服装产业发展的第一动力，尤其是在过去的十年，中国衣着消费市场保持着15%的年均增速，个性化、品牌化、功能化的特点越来越明显。服装设计作为服装行业开放时间最早、开放程度最高、国内外交流与协作最广泛的领域，发展过程中一方面坚持传承和创新，另一方面不断借鉴和吸收国外优秀文化，涌现出一大批具有较高知名度和影响力的设计师，设计师群体的发展壮大成为推动中国服装产业结构调整和产业升级的重要力量。

　　风格作为服装最具代表性的特点，充分表达着设计师和消费者的审美观，是生产者与消费者价值观的有机统一。可可·夏奈尔说过："时尚易逝，风格永存"，风格是服装款式的灵魂所在，也是服装设计独特的创作思想的体现。在满足消费者日益增长的消费需求变化的过程中，需要服装设计师适应市场需求的变化，吸收多种风格形式，拓展设计思维方法和设计手法，设计出多种风格元素的流行服装。

　　党的十八大提出到2020年全面建成小康社会的宏伟目标，对中国服装产业发展提出了新的更高的要求。建设服装强国迫切需要具有国际化视野、创新设计能力、把握市场趋势的优秀设计师队伍，对我国的服装教育提出更高要求。陈桂林教授经过三年多的酝酿，编写了国际流行时尚服装设计丛书。

　　国际流行时尚服装设计丛书包括《韩式流行女装设计》《欧美流行女装设计》《经典流行女装设计》《经典流行男装设计》《韩式流行女装制板技术》《欧美流行女装制板技术》《经典流行女装制板技术》《经典流行男装制板技术》共八本。

　　该套丛书注重理论联系实际，创意与时尚、个性与实用相结合。每本书设计了几百款服装款式，每款都配有款式图、效果图、工艺说明、设计理念等，以图文并茂的形式，用大量具有很强的工业实用性的款式设计让读者快速掌握不同风格的服装设计和制板技术，是一本兼具学术价值和实用价值的工具书。希望丛书的出版，为服装院校更好地深化教育改革、加快设计师队伍的成长提供帮助和参考，为建设服装强国作出贡献。

前言

　　中韩两国间的交流和发展印证了"文化先行、贸易其后"这句话。不仅"中国热"在韩国长盛不衰，"韩流"也融入了中国人的生活，文化的渗透成为推动中韩两国关系不断发展的驱动力。"韩流"似乎一夜之间席卷中国，其内容也在不断扩大，日趋多样。在中国狂飙突进的"韩流"将呈愈刮愈烈之势，除韩国文化产业中的娱乐明星等纷纷加盟于此"推波助澜"外，在经济中扮演举足轻重角色的韩国服装也将乘胜追击而来。

　　"韩流"的第一个标签是"文化"。它随着"韩剧"一并流入中国，在美轮美奂的韩剧作品中，唯美曲折的爱情故事，个性鲜明的角色人物，时尚靓丽的服装服饰一起进入中国观众的视域，令观众们陷入痴迷。同时，"韩流"具有"融合性"。韩流服装是把欧美服饰的流行元素与东方文化进行了很好的融合，"韩流"服装最大的特点是出位的设计，使穿着更有美感。领部的独特设计，前襟的不对称设计，都给夏日服装注入新鲜的视觉美感。色彩上的丰富、紧身、适当的透、露，营造性感氛围，是韩式背心的追求。

　　随着人们对时尚元素不断追求，给中国服装市场带来了发展的热潮，为了适应这一发展，中国品牌服装加盟市场不断吸收国内外的文化，特别是韩潮的来袭，更是给中国服装市场带来生机。

　　本书针对"韩流"女装款式特点入手，采用当前流行的"韩流"女装和时尚元素，给读者提供了"韩流"女装的流行趋势。帮助读者分析当前"韩流"女装的时尚潮流，让读者了解"韩流"女装的独特风格魅力。

　　服装设计界是一个充满诱惑的行业。当模特们穿着最流行的时装在T台上展示时，很少有人能够按捺此刻内心的激动。在服装设计界光鲜靓丽的背后，需要无尽的付出。写一本服装设计的书更是需要大量的精力和时间的付出。在一张张美妙的服装设计效果图背后，都是一个个不眠之夜。幸好我的爱好和工作是重叠的，才使得我在乏味的写作过程中，能有快乐的创作激情完成本书的编写。

　　本书的编写在内容上坚持与企业实操接轨。内容力求取之于工，用之于学。通过大量当前时尚流行的韩式女装款式详细阐述了韩式女装的流行特点、风格分类、设计工作流程。书中配有款式搭配效果图、款式图、工艺注解及各种细节设计，便于读者直观的掌握韩式女装设计的整个流程，从而提高设计实操能力。同时，希望通过这种形式，引导服装设计师更好地掌握韩式女装的风格特点，以便更好理解如何利用流行资讯、灵感来源以及借鉴经典款式进行二次开发设计，从而形成设计师自己的独特风格，诠释独特的设计理念。

本书适合服装企业从事服装产品开发的设计人员和管理人员阅读，也可以作为服装院校、培训机构服装专业培养应用型、技能型人才的教学用书和服装设计从业者、爱好者的业务参考书及培训用书。

本书历经多年的构思和编写，希望呈现给读者的是一本专业、实用服装书。但由于编写时间仓促，难免有不足之处。欢迎广大读者朋友提出宝贵的建议或意见。请用电子邮件（fzsj168@163.com）与我联系，以便于本书再版修订，将不胜感激！

2013 年 7 月

目录

第五章
牛仔面料韩式春夏女装设计 / 75

第六章
韩式秋冬女装设计 / 99

第七章
企业案例解读篇 / 186

第一节 服装设计企划书 / 186

第一章
韩式流行女装的基本概念

韩式女装主要以青春、阳光、甜美、清新为主题，再融入新颖的设计理念和敏锐的时尚细节，满足了现代时尚女性对生活的追求，充分体现了韩式女装的时尚概念、多元化风格以及丰富的品牌文化。产品有鲜明的精致格调、优雅气质，典型特征是款式独特、面料高档、做工精细、穿着舒适等，能彰显尊贵、个性、高雅、时尚，深受现代女性的追捧。

据韩国史书记载："服制礼仪，生活起居，奚同中国。"韩国的服装最初主要是受到了中国唐代服饰的影响。当时，韩国服装几乎与唐朝服饰无异。后来，韩国的女装，逐渐向高腰、襦裙发展。到了 20 世纪六七十年代，受西方服饰文化的影响，再加上生活和工作节奏加快，人们觉得韩式服装太过繁琐，穿着不便。设计师随着这种需求设计出了合乎时代、容易穿着的式样，使韩国服装增添了新的活力。

韩国人喜欢素色。传统的韩服通常只在服装的领、袖、衣裙边镶上颜色艳丽、图案精美的花边，起着装饰效果。宽大飘逸、简洁素雅，是韩国服装的鲜明特色。男装由宽袖短褂、长袍和肥大的裤子组成。长袍在前右侧交叉，裤口有带子束在脚踝处。女装由宽松短衫和高腰长裙组成。短衫在前面交叉，由长带结成蝴蝶结系住，高腰长裙系在胸部，脚上穿白色袜子和船形鞋。

传统的韩国服装轮廓线自然、放松。传统的韩式女连衣裙，从上到下渐渐扩展，腰节抬高使人显得高挑，节下宽松的长裙摆能掩人腰臀缺陷。这种高腰、直线和宽大的款式造型与西方追求展示身体曲线美的服饰审美标准大相径庭。同时也体现了追求虚实相生、含蓄内敛的东方美。韩国流行时装在继承传统的经典元素如上短下长、上简下丰、高腰、宽松等基础上，摒弃了传统服装不适合现代生活的地方，同时又吸收了西方服饰中的线条造型，同时韩国的流行时装成功地把"韩国元素国际化"，把细腻精巧的细节变成奔放的流行主基调，把清新含蓄、意境空灵的东方元素融入到西方的线条和立体造型中，从而使韩国时装在短短的 10 余年里，从后起之秀一跃成为世界时装市场上的中流砥柱之一。

第一节　韩式流行女装的特点

韩式女装摒弃了简单的色调堆砌，而是通过特别的明暗对比来彰显品位。通过设计面料的质感与对比，加上款式的丰富变化来强调服装效果冲击力。那种浓艳的、繁复的、表面的设计元素被精致地展现出来，简洁得连口袋都省了的长裤、不规则的衣裙下摆、极具风情的褶皱花边都在表白它的美丽与流行。韩式女装总的特点应该是休闲、时尚，穿上它能让女人更有"女人味"。现在市场上见到的韩式女装更多的是与时尚接轨后的改良韩式女装。韩式风格时装追求的境界说到底是风格的定位和设计，服装风格表现了设计师独特的创作思想、艺术追求，也反映了鲜明的时代特色。设计师个人的创作风格可能不像时代风格或民族风格那样长久维持，有些设计师创造了真正有价值的个人风格，现代的艺术风格演绎得淋漓尽致。韩式流行女装具有以下 10 个方面的特点。

一、出位设计

如图 1-1 所示，不对称设计是韩式女装中最典型的款式。比如 2005 年开始流行裸露一侧肩部的单肩设计连衣裙，给追求时尚的女性带来意外的惊喜。而这种不对称设计越来越多地出现在韩式女装上：裙长变得不规则不对称，裙子下摆被设计成斜线的不对称或完全的不规则，穿着时更具动感。领部的独特设计、前襟的不对称设计，都给服装增添了全新的活力。

▲ 图 1-1 出位设计

二、张扬个性

如图 1-2 所示，韩式女装最吸引人的地方还在于它所运用的夸张手法，以满足都市人们渴望宣泄的心情。个性的张扬就是快乐的源泉：宽就宽到极致的阔腿裤，瘦便瘦到极致的紧身衣。妩媚至极致尽显女性魅力：纯白色紧身背心，嫩粉色的绣花长裤。神秘到极致，令人目光追寻的神秘女郎：黑色无带背心配黑色的阔腿长裤，外套本色的渔网长裙。

▲ 图 1-2 张扬个性

三、款式时尚

韩式女装款式具有多元化的时尚感。韩式女装能够在短时间内让消费者热捧，当然有它的引人之处。一些增加韩国服装魅力指数的设计元素也让韩国服装绽放异彩。韩国服装的多元化是个

▲ 图1-3 款式时尚 新鲜的元素。最近几年来，

韩国服装向多元化成长，将传统的民族风格与世界时尚潮流灵巧高明地联合起来，或端庄或前卫，或内敛或夸张，多种风格各有精彩。炎炎夏日里，漂亮的背心是不可或缺的时尚标签。如图1-3所示，丰富的色彩、紧身、适当的透露，营造性感氛围，是韩式背心的追求。

四、丰富配饰

韩国的配饰也非常丰富，如腰带和腰链搭配牛仔裤和裙子很抢眼。如图1-4所示，一些花布包与牛仔包是最流行的。尤其是牛仔包花样繁多，有的绣上复杂的图案，有的钉上各种彩珠或小石头，有双肩背也有手拎，样式特别多。其他装饰品则更精细，如手链、项链、耳环等，一些细小链子和彩色珠子，水晶或是透明的玻璃做成的首饰最适合与露肩装搭配。在柔软的面料上绣出古典花朵的围巾，有的用灿如宝石的珠子、亮片，细腻地钉出宛若印花般的纹理；有的是以同色系的花纹，再系上各式各样的结，在脖子上轻舞；配上能隐约透出肌肤的长筒袜，把色彩运用到了极致；洁白、淡紫、纯黑、天蓝……跳跃的色彩为身上的服装增添了活力与妩媚。

▲ 图1-4 丰富配饰

五、设计简洁

如图1-5所示，韩式女装款式设计简洁、大方，线条感明显。崇尚欧美风，女人味十足，韩味十足的宽松样式，布满了复古的女人味。光彩度一流的质地，大方又亮堂的颜色，让人过目不忘，能突显高雅脱俗的非凡气质。

▲ 图1-5 设计简洁

▲ 图 1-8 尚美塑形

六、款式百搭

韩式女装融合东西方服装文化特点，表现了贯穿于东方国度街头巷尾的服装气味，同时具有浓重的欧美时尚元素，十分契合亚洲人的穿衣品位。展现的是青春朝气、兴旺向上的青春魅力，重视服装细节的设计理念，构成富有国际化、品位化、特性化的时兴作风的服装。款式百搭为主，容易搭配各种款式，制造不同效果，如图1-6所示。

▲ 图 1-6 款式百搭

七、色彩丰富

韩式女装以明媚可爱的颜色选择为主，重在营造一种甜美可爱的女孩味道。如图1-7所示，韩式女装色彩有明显的轻感觉，轻的色彩称轻感色，如白、浅蓝、浅黄、浅绿等。服饰色彩也有软硬感，但色彩明度接近于白色时，软硬感有所下降。

▲图 1-7 色彩丰富

八、尚美塑形

如图1-8所示，韩式女装对亚洲女性曲线有深刻的了解和把握，能完美地雕塑女性的玲珑身材，更加适合东方女性的穿衣需求。综上所述，百变的韩式女装在女性时装的大家庭里如此璀璨也就无可厚非了。

九、混式穿法

混式的穿戴法是时下韩式女装最流行的搭配。如图1-9所示，柔软的触感、出色的花纹与色调搭配，使衣服整体非常引人注目。高的圆领口、短的衣袖，前面是一排按一定规则排列的钮扣，整体是巴斯克衫的经典造型。混式的穿戴法是时下最流行的搭配，正是这款衣服能创造出多样化的特点。

▲ 图 1-9 混式穿法

十、娴静气质

韩式女装给人以松软的质感，纯净毫无花巧的装饰，灰白的色调，散发出的就是娴静的气质。如图1-10所示，大大的圆领会显出女生漂亮的锁骨位，再加上相同质感的围巾，加强保温性的同时，还能够增强淑女的感觉。肩线比起一般的衣服会比较往下一点，为的是使衣服自然地包裹肩部，体现出流线型轮廓。末端是斜线的造型，衣服在腰身的扎位处使上面形成斜线的皱褶，有别于传统的形式构造。

▲ 图 1-10 娴静气质

第二节　韩式流行女装的风格分类

根据穿着风格的不同，韩式女装风格可以分为六大类型。

一、甜美型

现代女性不仅要典雅大方和妩媚性感，还要甜美可爱。韩式女装中的泡泡袖、圆领等局部多以花边、蕾丝、褶皱、钉珠等细节装饰，运用俏皮的图案、甜美的色彩展现女性的可爱和美丽。如图1-11所示，一件甜美的女装起码集合了高腰线、泡泡袖、泡泡裙摆、蕾丝、蝴蝶结等其中两个元素才算是合格，虽然是全身黑色系，蕾丝加大摆裙的搭配，依然难掩可爱的气质。

▲ 图1-11 甜美型

二、气质型

韩国影视文化时刻影响着韩国流行风潮的走向和人们的穿着打扮。如图1-12所示，掌握了民族风和复古气质的服装，运用当前流行搭配手法，展现穿着者的气质。长短不一的搭配，变化丰富的色彩，精致而不张扬的饰品，贴身的剪裁，若隐若现的蕾丝，轻盈柔美中散发出最迷人的气质。蕾丝花纹古典优美，让女性散发出优雅的气息，能塑造独特的气质美人。

▲ 图1-12 气质型

三、秀丽型

韩式女装设计风格多元，原料考究，以对细节的苛求和对整体效果的思考而闻名。如图1-13所示，夹克和长款卫衣的叠穿凸显出层次，而整套搭配中最重要的就是不能少了最流行的裤袜，而且裤袜最好是那种颜色艳丽的紫色、红色、蓝色等，和帅气的整体搭配形成强烈反差，从而体现搭配功力。韩式女装在表达飘逸浪漫时，细腻华贵的设计手法，令人陶醉。

▲　图1-13 秀丽型

四、运动型

如图 1-14 所示,韩式女装时而夸张,时而内敛;时而简洁,时而繁复。变化多端的 T 恤成为韩式女装运动形象的代表,韩式运动装不再单纯地运用简单的款式和单一色彩,而是在运动风格中加入时尚流行元素。如质朴的毛边、烫金图案、精致的褶皱等,经过混搭组合充满了流行时尚感。

▲图 1-14 运动型

五、职业型

如图 1-15 所示,韩式女装在摒弃职业装以往刻板、保守的形象外,更多地注入女人味的装饰细节,使在职场中的女性也体现温柔、细腻、知性的一面,韩式女装特点是大方而不失女性风度,美观而不失女性风韵,年轻而不失优雅,简洁而不失有形。着装整体色彩以灰色、深蓝、黑色、米色等较沉稳的色系,给人留下干练朝气、充满亲和力与感染力的印象。必须始终保持衣服形态整洁,应当尽量选用那些经过处理,不易起皱的丝、棉、麻以及水洗丝等面料。在设计中运用蕾丝饰边、轻柔质感的褶皱,款式上多选择针织开衫、蝴蝶结、泡泡袖、及膝裙,飘逸的裙摆也是设计最常用手法。运用丰富的色彩,配以精致的饰品,将职业女性的时尚形象展示得淋漓尽致。

▲图 1-15 职业型

六、优雅型

气质优雅或许是很多女人一生所追求的目标。优雅的搭配需要一件百搭单品,除了女式的小皮夹克,就是中性的小西装,下装搭配的单品应为短裤或铅笔短裙。如图 1-16 所示,帅气搭配整体偏向暗色系,所以小挂件、围巾、长项链的搭配会使着装效果出彩,不会让人感觉既灰暗又单调,能彰显品位的独特。

▲图 1-16 优雅型

第二章 服装设计流程

　　服装设计开发是以成衣产品的形式表现的。只有设计的产品得到市场的肯定，其开发的价值才能体现。因此，在服装设计开发过程中，首先要从目标市场的消费群体需求出发、设计能够满足其消费需求的产品。同时，服装设计师要对服装成衣的相关技术和工艺有全面的了解，并且要针对国际和国内当前流行趋势进行研究分析，做出产品设计规划，在对服装款式造型、色彩搭配、系列组合等进行细致的规划设计后，开展款式设计、样板制板、样衣试制、修改样衣、封样、开产品发布会等一系列工作，最后确定订单，进行批量生产。

　　服装设计开发是针对目标消费群体，按计划进行设计生产，最终提供所需产品的过程。服装设计开发的本质是以目标消费群体需求所进行的商品策划，其中包括目标市场研究与细分、流行趋势与设计风格的确定、产品开发和营销组合策划等内容。整个过程都是围绕产品来展开的，好的产品开发能使一组产品的附加值达到最大化。如图 2-1 所示，服装产品设计流程贯穿了服装产品开发的整个过程。

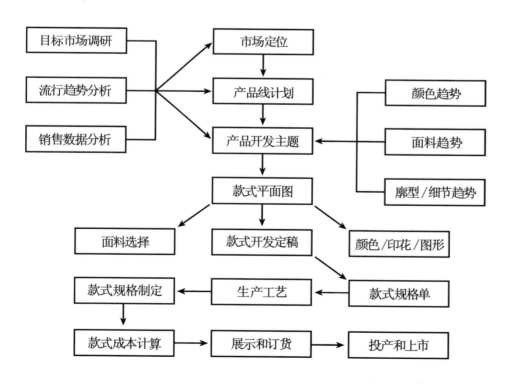

▲ 图 2-1 服装产品设计流程

第一节　产品开发设计策划

服装产品在设计开发前，服装设计师首先要了解服装企业设计的目的以及企业现有生产、销售、资金等自身状况，然后根据服装品牌定位、风格定位、消费群体定位、销售方式定位等进行规划设计。通过以上信息的综合对比和分析，设计师提出产品设计的概念，包括设计理念、主题、色彩、服装廓型规划、面辅料、造型特征、工艺特点等。

一、市场调研

市场调研是指对与营销决策相关的数据进行计划、识别、收集、整理、分析并把结果与管理者沟通的过程，目的是为企业制定市场营销决策提供依据。市场调研在营销系统中扮演着两种重要角色。其一，它是市场情报反馈过程的一部分，向决策者提供当前营销信息和进行必要变革的线索；其二，它是探索新的市场机会的基本工具。市场调查是指为了提高市场营销决策质量，发现市场机会和更有效地解决经营中的问题。从而系统地、客观地识别、收集、整理、分析市场信息的活动。

服装设计与消费者的需求有着较为密切的关系，了解服装市场、消费者的穿着倾向和消费心理及穿着场合是服装设计的前提。市场调研是为服装设计师提供准确、有效的设计依据。市场调研的途径和方法很多，可以采用观察法、统计法、拍摄法、问卷法等，调研内容包括服装的款式、流行趋势、造型、色彩、面辅料、价格、销售情况、市场占有率等情况以及营销模式、服务方式、店面陈列、促销手段等。

通过深入服装市场调研可以收集大量信息资讯，了解流行趋势，了解市场需求与消费者的审美品位。只有通过市场调研和分析，才能进行符合市场实际需求的市场细分。确定了市场细分才能使产品面对目标消费群。大量的市场调研和信息资讯，有利于设计师进行总结、分析、研究，得出当前流行变化的趋势及目前市场实际情况。服装市场调研主要有以下四个方面。

1. 流行趋势调研

从服装流行趋势的产生与发展入手，结合现代服装的特点与影响因素、流行趋势的调查方式和预测方法，分析国际与国内的流行预测系统介绍的服装流行的概念与影响因素；从而明确进行流行预测需要掌握的信息。在流行风尚变化日益加速的当今社会，掌握流行信息对于服装产品的设计有着重要的指导意义，对流行信息的获得、交流、反应和决策速度成为决定产品竞争能力的关键因素。而对于流行信息的收集、分析与应用，无疑是强化竞争力的重要手段。服装设计师必须具有认知流行、掌握预测手段和应用流行资讯的能力。

2. 设计要素调研

服装设计师可以从服装的廓形、肌理、色彩、细节、印花和装饰等细节做调研，从而演绎自己的服装。造型是调研和最终设计的核心要素，没有造型，就没有时装设计中的"廓形"。服装设计要素调研包括当前服装市场流行的设计、色彩、纹样、材料、造型、面料、裁剪方式、板型结构、缝制工艺等设计要素和目标消费者所接受的状况。图 2-2 是服装款式流行色。

3. 同类品牌调研

针对某一类服装品牌或多个服装品牌进行调研，可以对同类服装品牌的销售状况、市场占有率、促销手段、店面陈列、款式风格特点、价格情况等进行调研，从而有利于自己品牌的定位。

4. 目标群体调研

通过对目标消费群体的穿着款式、色彩、穿着习惯，分析出目标消费群体的穿着特征、色彩爱好、板型特征、消费能力等，为服装设计提供更加直接的设计依据。

二、设计风格定位

服装设计风格既不是单纯的潮流也不是单纯的传统，而是二者之间很好的结合。事实上，在每个季节，它们都有一些适当的可理解的修改，全然不顾那些足以影响一个设计师设计风格的时尚变化，因为设计师相信服装的质量更甚于款式更新。设计风格取决于不同的穿着对象，同时要考虑穿着对象的年龄、性别、职业、爱好、身份、穿着场合等因素。

1. 设计给什么人穿——目标消费群体的确定

每个消费者不仅年龄、性别、体型、相貌不同，且兴趣爱好、文化素养、职业岗位、经济能力以及生活态度也不一样。在设计服装时，设计师必须考虑是为谁设计服装，设计的服装必须吻合消费需求。

2. 什么时候穿——穿着季节的确认

什么时候穿要考虑两个因素，首先是按春、夏、秋、冬四个季节来设计不同的服装，其次是按照每天不同的时间来设计服装，如日装和晚装。

3. 什么地方穿——穿着者所在区域的确认

在设计服装时，要考虑各地的地理环境、人文环境、身材比例等因素。因为地域文化的差异，不同地区对服装的穿着需求和风格也不一样。不同地区人群体型的差异较大，因此给什么地方的人穿也是设计师要考虑的主要因素。

4. 什么场合穿——穿着场合的确认

设计师要考虑具体的穿着场合需求来设计相应的服装。这就需要为不同场合的穿着对象进行适合身份特点的设计，并能够符合其在特定场合中的形象要求。

5. 什么穿着目的——穿着目的的确认

穿着目的不同，设计要求也不同，有的人穿着服装是工作需要，有的人穿着服装是为了彰显个性，因此，服装设计师应根据不同的穿着目的去设计不同的服装。

三、设计主题构思

设计主题构思是设计师表达自己设计意图的重要方式。在服装企业中，主题的确定是决定产品开发的风格走向。在进行主题构思时，要根据当前服装流行趋势，设计一个具体的目标主题，该主题必须完全符合目标消费群定位的设计主题，同时，要考虑主题应有的内涵和特点，并丰富其细节内容。

1. 设计理念构思

服装同质化竞争非常明显，缺乏个性化的服装款式。服装的个性，是服装自身所具有的风格特点。它涵盖了历史时期服饰文化、人文文化、时代潮流、民俗民风、知识层次、面料生产、制作工艺等诸多因素。服装除了满足人的需要，还有需求和欲望，需求是选择，欲望是追求。也就是说服装从简单遮羞发展到今天见客户要穿什么衣服，明天旅游要穿什么衣服。消费者对服装开始有不同层次与个性的需求了。因此，作为一名服装设计师，谁能满足消费者的个性需求，谁才能在市场立于不败之地。设计工作要求不断地去发展一种独特的设计思维方式，这种设计思维方式涵盖了逻辑和直觉两个方面。如果太多僵硬的逻辑的东西，我们的设计将缺少灵魂和个性。如果太多直觉的思考，也会导致作品没有严密性和结构性。创意存在于理性与感性之间，存在于逻辑与梦想之间，存在于对信息的尊重和诗意的想象之间。创意是在和谐与平衡中的一种秩序。对于一个设计师来说，技巧和判断力也是他创造性思维的另一个方面。要使技巧和判断力这些东西从记忆和不自觉中逐渐变成了自己直觉的东西，因而最后它将不受太多的理性的干扰。

设计理念的构思要选择多个角度考虑问题。可以是民族的、田园的、怀旧的、古典的、经典的，也可以是前卫的、先进的、现实的、浪漫的、高贵的、优雅的等。

2. 款式造型构思

以主题和理念构思为依据，确定设计的基本款式框架与风格，然后再变化出形式丰富的系列设计。服装产品的款式造型关系到产品的风格、主题等整体效果，一般可以分为整体款式造型和部件细节造型。造型特征要与设计概念、主题、色彩相一致，如图 2-3 所示，系列服装以共同的色调贯穿于整个设计中，设计风格一致的前提下款式造型和形式各异。

3. 色彩图案构思

服装色彩和图案在服装设计中是继款式、材料之后的重要设计要素。如图 2-4 所示，服装色彩和图案对服装有着

▲ 图 2-3 款式造型构思

极大的装饰作用。虽然在服装构成中缺少图案纹样装饰也能成为完整的服装，但是没有图案的服装实在是越来越少了。服装设计有赖于图案纹样来增强其艺术性和时尚性，也成为人们追求服饰美的一种特殊要求。服装图案将越来越多地融入到当代服装设计之中，使它成为服装风格的重要组成部分。结合设计理念和主题，选择适合的色彩和图案是丰富服装款式设计的一个重要环节。

▲ 图 2-4 色彩图案构思

4. 材料设计构思

服装材料是表达设计理念和主题的主要素材。选择合适的面辅料可以保证设计顺利完成。设计师要对所需的面料、花纹、质感等进行构思和设计。如图 2-5 所示，在决定选用面料时，要全面了解面料的悬垂性、透明度、光泽度等。设计师还要了解面料的性能、加工处理方法及缝制、熨烫等事项，因为不同材质的面料可以表现出不同主题的风格。

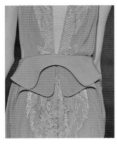

▲ 图 2-5 材料设计构思

5.饰品设计构思

如图 2-6 所示，结合主题和色彩构思，设计与服装相搭配的鞋帽、手提包、手套、围巾、首饰等饰品。由于服装饰品的材质和品种较多，在结合服装款式造型与饰品搭配组合时要在色彩上运用比主题色彩更为亮丽的同类色进行搭配设计。

▲ 图 2-6 饰品设计构思

第二节　　实施服饰产品开发设计

服饰产品开发设计是一个艺术和成衣创作的过程，是成衣构思与艺术表达的统一体。设计师一般先有一个构思和设想，然后收集资料，确定设计方案。其方案主要内容包括：服装整体风格、主题、造型、色彩、面料、服饰品的配套设计等。同时对内结构设计、尺寸确定以及具体的裁剪缝制和加工工艺等也要进行周密严谨的考虑，以确保最终完成的作品能够充分体现最初的设计意图。实施产品开发设计的过程是将设计师的设计意图转化为实际的设计作品的一个过程。

一、收集资料

在设计构思之前，要了解相关市场的各种信息，做好充分调查。通过收集服装市场信息、网络服装资讯等信息，进行分析和论证。为下一步服装产品设计提供依据。

二、规划设计风格

　　流行产品的设计要根据市场的变化不断变化，但总体来说，在一定时期内，企业产品应有相对固定的风格，一方面便于生产组织，另一方面便于消费者对企业的认知，对于名牌产品，事先定位好企业的产品风格是非常重要的。

三、服装设计灵感与创作

　　根据市场调查和企业品牌战略对产品的要求，设计师加上自己对艺术的独特理解（包括美学、技术和经济等方面），绘制服装设计草图或者表达创意的服装效果图。由于只是构思的图样，可以没有明确的尺寸。

　　服装设计的构思是一种十分活跃的思维活动，构思通常要经过一段时间的思想酝酿而逐渐形成，也可能由某一方面的因素激起灵感而突然产生。自然界的花草虫鱼、高山流水、历史古迹、文艺领域的绘画雕塑、舞蹈音乐以及民族风情等社会生活中的一切都可给设计者以无穷的灵感来源。新的材质不断涌现，不断丰富着设计师的表现风格。大千世界为服装设计构思提供了无限宽广的素材，设计师可以从过去、现在到将来的各个方面挖掘题材。在构思过程中设计者可通过勾勒服装草图借以表达思维过程，通过修改补充，在考虑较成熟后，再绘制出详细的服装设计图。

四、绘制服装设计效果图

　　绘制服装效果图是表达设计构思的重要手段，因此服装设计师需要有良好的美术基础，通过各种绘画手法来体现人体的着装效果。服装效果图被看作是衡量服装设计师创作能力、设计水平和艺术修养的重要标志，越来越多地引起设计师的普遍关注和重视。服装效果图以绘画的手法表现服装造型、结构特征、色彩配置、面料和服饰搭配。效果图中的人物姿态与服装风格表达相统一，人体造型要与服装造型保持一致，如图 2-7 所示，要根据服装款式的最佳角度选择人体造型角度。

▲ 图 2-7 服装效果图

五、绘制服装款式图

将服装设计构思中的草图或服装效果图勾画成服装款式图。服装款式图要体现出服装款式上的细节以及比例造型等，更要体现出服装款式的特点。如图2-8所示，服装款式图要求各部位比例准确、款式结构清晰、细节明确。

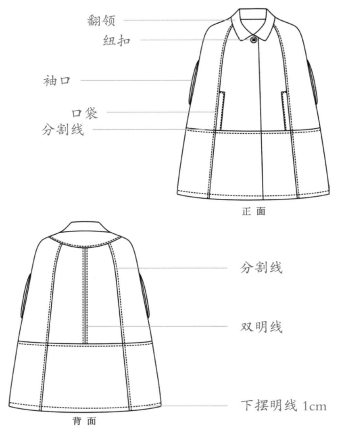

翻领
纽扣
袖口
口袋
分割线

正面

分割线

双明线

下摆明线 1cm

背面

▲ 图2-8 服装款式图

六、确定设计方案

确定设计方案是为了便于服装打板师和样衣工完成样衣而制作的参考文件。确定设计方案要考虑技术细节。从服装工艺制作要求、规格尺寸、色彩、质地、完整性及后处理几个方面来确定与创意相吻合的面料及辅料等。设计方案的重要环节是服装设计工艺单。服装设计工艺单需清楚标明省道、分割线、褶裥、缉线等工艺和工艺说明。

七、样板制作

服装制板师根据设计师提供的服装设计手稿，结合工艺缝制的要求、服装的外形特征、服装材料的质地及性能等因素进行结构设计，绘制完成每一片裁片样板，然后交工艺师缝制样衣。

八、设计样品制作

　　工艺师根据服装制板师绘制好的样板裁片单裁一件进行样衣试制。在试制样衣时要参照设计师的效果图和工艺要求进行制作。首件样衣缝制完成后，设计师对样衣与设计效果的差异提出修改意见，然后依据修改意见修改样板，重新裁剪再次缝制样衣；只有达到设计效果或客户的要求时方可封样，才能确定生产计划。通过样衣制作，进一步审查设计方案、计算工时、编排工序，为车间生产安排提供依据。

九、号型设计

　　当样衣被客户确认后或达到预先设计的效果（封样），下一步就是按照客户的要求制作不同尺码的样板。将基码的样板进行放大或缩小，也称推板或放码。

十、编制生产工艺单

　　服装生产工艺单（见下表）是不可缺少的一个重要技术文件，它规定某一具体服装款式的工艺要求及技术指标，是服装生产及产品检验的重要依据。编制工艺单所应涵盖的内容，当样衣经过确认，准备进行批量生产时，必须对生产过程进行合理安排。如下表所示，用文字说明与图形说明两种形式相结合作为指导服装生产的依据，这个重要文件就是工艺单。

　　服装设计不是设计师个人的艺术创作活动，而是整个企业活动过程的一道工序或一项工作。在销售过程中，设计师应密切关注市场动态，及时收集市场信息，为及时供货或调整产品及开发新产品提供依据。工作室或研究室中从事时装设计的设计师，相对来说可以更加自由地进行创作，但也少不了需求调查、制作样衣、加工生产等基本过程。

服装生产工艺单

深圳市广德教育科技有限公司服装事业部——生产工艺单									
设计师		制板师			工艺师			单位	厘米（cm）
款号	C0000028	制单号		C0028	款式	时装裙	制单日期		2012-05-06
下单细数						布样	款式图		
颜色	S	M	L	XL	合计				
玫红					700	（略）			
绿色					500				
黑色					600				
蓝色					600				
比例	1	3	4	4			正面　　　背面		
合计	请按以上比例分配				2400				
成衣尺寸表									

部位	度量方法	S	M	L	XL	部位	度量方法	S	M	L	XL
裙长	腰头至下摆	54	56	58	60	腰围	全围	66	70	74	78
臀围	全围	88	92	96	100	摆围	全围	94	98	102	106

工艺要求	
裁床	面料先缩水，松布后24小时开裁，避边差、段差、布疵。大货测试面料缩率后按比例加放后方可铺料裁剪。倒插排料单件一个方向
粘衬部位（落朴位）	腰头、后片装饰袋盖、粘衬。粘衬要牢固，勿渗胶
用线	明线用配色粗线，暗线用配色细线。针距每2.5cm12针
缝份	整件缝份按M码样衣缝份制作，拼缝顺直平服，所有明线线路不可过紧，要美观，压线要平服，不可起扭，线距宽窄要一致
前片	1. 按照对位标记收好侧缝上的省，省尖不可起窝 2. 前片贴袋根据实样包烫好后，按照对位标记车好前片贴袋。不可外露缝份，完成袋口平服，左右贴袋位置对称 3. 前中缉明线，门襟根据实样缉明线 4. 门襟拉链左盖右，搭位0.6cm，装里襟一边拉链压子口线，装单门襟一边拉链车双线，门襟用拉链牌实样车单线，车线圆顺，不可起毛须，装好拉链平服，里襟盖过门襟贴，门里襟下边平车订位
后片	1. 后育克（后机头）缉明线，拼接后中左右育克拼缝要对齐 2. 后片装饰袋盖按实样底面的对点标记钉装饰袋盖，袋盖一周缉明线，完成不可外露缝份 3. 后片装饰条要平服于后片上，不能有宽窄或起扭现象 4. 后片装饰条按纸样上标记打好鸡眼，鸡眼穿绳子；并把绳子系成蝴蝶状
下摆	下摆环口缉2cm宽单线，缉线圆顺，不可宽窄或起扭
腰头	1. 腰头按实样包烫，腰头在与裙片缝合时要控制好腰围尺寸 2. 按对位标记装串带（耳仔），装腰一周缉线，底面缉线间距保持一致，装好腰头要平服，不可宽窄或起扭，两头不可有高低或有"戴帽"现象
整体要求	整件面不可有驳线、跳针、污渍等，各部位尺寸跟工艺单尺寸表，里布内不可有杂物
商标吊牌	商标、尺码标、成分标车于后腰头下居中
锁订	1. 鸡眼×30（要牢固，位置要准）　　2. 纽扣×6
后道	修净线毛，油污清理干净，大烫全件按面料性能活烫，平挺，小心不可起极光
包装	单件入一胶袋，按分码胶袋包装，不可错码
备注	具体工艺做法参照纸样及样衣，如做工及纸样有疑问，请及时与跟单员联系

面／辅料用量明细表						
款式	时装裙	面料主要成分		款号		C0000028
名称	颜色搭配	规格（M#）	单位	单件用量	用法	款式图（正面）
面料	玫红		m			
	绿色		m			
	黑色		m			
	蓝色		m			
衬布	白色		m			
拉链	配色		条	1	前中	
纽扣	黑色	20#	粒	1	腰头	
装钉纽扣	黑色	20#	粒	3	串带	款式图（背面）
装饰纽扣	黑色	20#	粒	2	袋盖	
鸡眼	配色		套	30		
装饰绳	配色		条	2		
商标			个	1		
尺码标			个	1		
成分标			个	1		
吊牌			套	1		
包装胶袋			个	1		辅料实物贴样处

具体做法请参照纸样及样衣				
大货颜色	下单总数	用线方法		
玫红	700	面料色	面线	底线
绿色	500			
黑色	600			
蓝色	600			
备注				

设计部			技术部		样衣制作部	
材料管理部			生产部		制作日期	

第三章
梭织面料韩式春夏女装设计

第一节　　梭织面料韩式春夏女装上装设计

　　梭织面料包括棉织物、丝织物、毛织物、麻织物、化纤织物及它们的混纺和交织物等。按织物组织可分为平纹、斜纹、缎纹三大类。梭织面料在服装中的使用无论在品种上还是在生产数量上都处于领先地位。梭织服装因其款式、工艺、风格等因素的差异在加工流程及工艺手段上有很大的区别。

抽褶袖

抽褶收腰
袖口宽 2cm
下摆内包缝 2cm

正 面

领贴 2cm

收褶 2cm

带图案的拼接腰带

背 面

公主缝

装饰袋盖

正 面

分割线

装饰腰带

刀背缝

背 面

03／拼接面料个性上衣

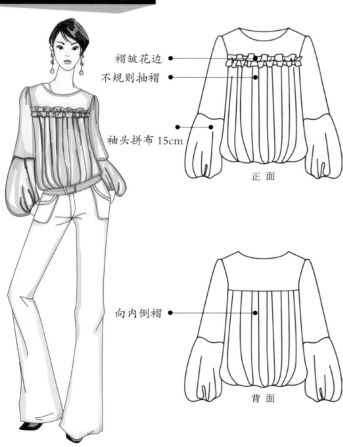

褶皱花边

不规则抽褶

袖头拼布 15cm

正 面

向内倒褶

背 面

这是一款以抽褶为主的女装，收腰效果体现女性的曲线身材，用各式的皱褶体现服装美感。

采用轻薄的网纱与立体感折叠的布料拼接而成，清凉而又不失时尚感。

简单的西装轮廓却不显严肃，腰部的收身凸显女性的柔美曲线，使得在西装外套的俊朗帅气下又多了点小女人的味道，耐人寻味。

设／计／思／路

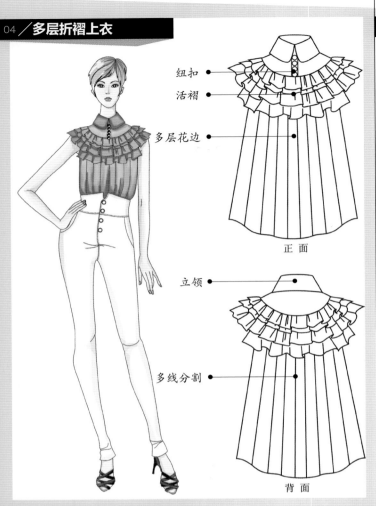

纽扣

活褶

多层花边

正面

立领

多线分割

背面

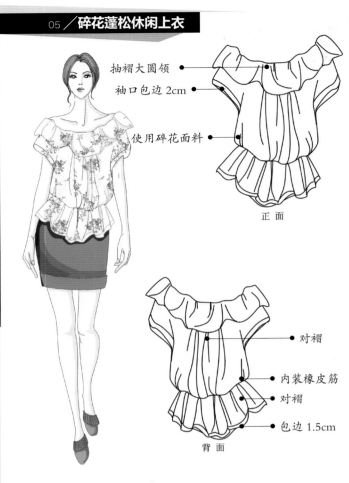

抽褶大圆领

袖口包边 2cm

使用碎花面料

正面

对褶

内装橡皮筋

对褶

包边 1.5cm

背面

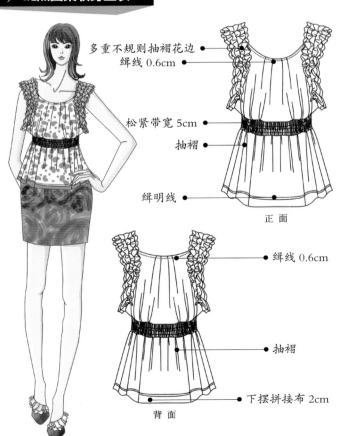

多重不规则抽褶花边

缉线 0.6cm

松紧带宽 5cm

抽褶

缉明线

正面

缉线 0.6cm

抽褶

下摆拼接布 2cm

背面

丰富的多层花边就像是一朵盛开的花，给人十分甜美的感觉。

这是一款碎花面料的雪纺上衣，宽大的领口设计以及面料本身的点缀使得它就像是一朵清新淡雅的茉莉花。

以花为设计灵感，本款最大的设计点在于袖口上如同花丛的皱褶花边。

设/计/思/路

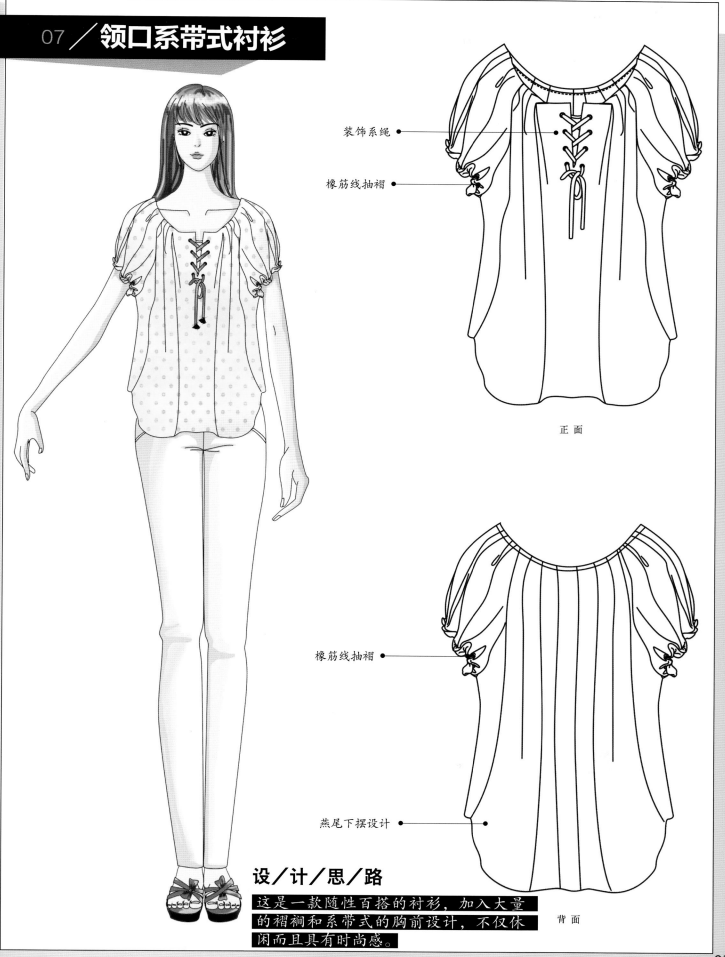

装饰系绳 ●

橡筋线抽褶 ●

正面

橡筋线抽褶 ●

燕尾下摆设计 ●

背面

设／计／思／路

这是一款随性百搭的衬衫，加入大量的褶裥和系带式的胸前设计，不仅休闲而且具有时尚感。

分割线

薄纱拼接

袖口夫宽 2.5cm

正面

单向褶

收碎褶

背面

设／计／思／路

这是一件双层式设计的衬衫，外面使用了一层薄纱覆盖，使得本来艳丽的图案有些朦胧，尽显曼妙。

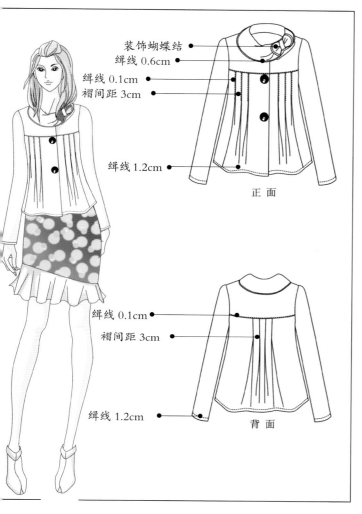

装饰蝴蝶结
缉线 0.6cm
缉线 0.1cm
褶间距 3cm
缉线 1.2cm
正面

缉线 0.1cm
褶间距 3cm
缉线 1.2cm
背面

设／计／思／路
利用拉链和分割线来表现款式的轮廓曲
线，白色面料使其变得时尚而清爽。

分割线
拉链
装饰袋盖
正面

分割线

缉线 0.6cm
下摆宽 7cm
背面

设／计／思／路
由领子围绕而成的蝴蝶结是本款的细节亮点，运用
面料的拼接和收褶效果来表现衣服的温婉可人的视
觉效果。

10／对称拉链夹克外套

- 船形领
- 薄纱面料
- 缉明线 0.6cm

正面

- 缉明线 0.6cm

背面

- 蕾丝装饰
- 蕾丝装饰
- 碎褶
- 蕾丝花边

正面

- 蕾丝装饰
- 分割线
- 多层拼接

背面

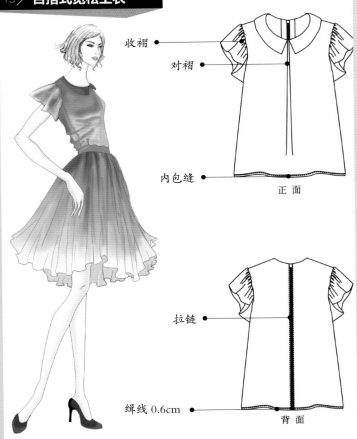

- 收褶
- 对褶
- 内包缝

正面

- 拉链
- 缉线 0.6cm

背面

双层设计上装，外层使用轻薄的面料覆盖。轻盈而不失体量感，穿着时可显得十分舒适清爽。

蕾丝一直是女性的偏爱，这款以蕾丝为主要装饰的上装透露出高贵甜美的气息。

以暗褶和袖口收褶为主的上装，简约的外形设计，是夏日里不可多得的百搭款式。

设／计／思／路

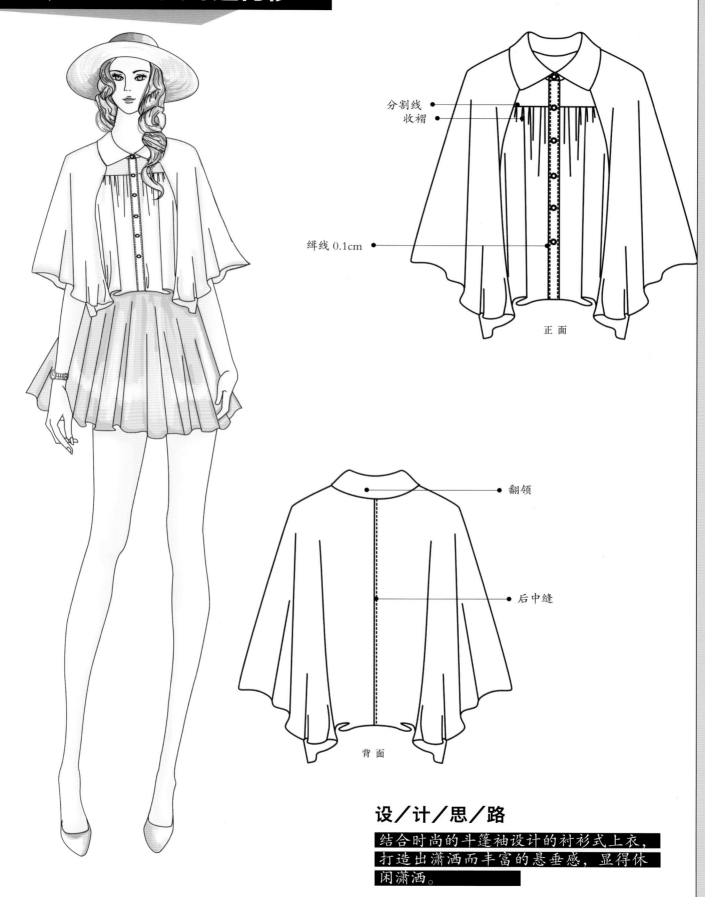

14／夏日清爽斗篷衬衫

分割线
收褶

缉线 0.1cm

正 面

翻领

后中缝

背 面

设／计／思／路

结合时尚的斗篷袖设计的衬衫式上衣，
打造出潇洒而丰富的悬垂感，显得休
闲潇洒。

25

收褶

缉线 0.6cm

正 面

分割线

腰间系带式设计

背 面

设／计／思／路

以光滑丝绸裁剪的轻质上衣，浪漫中展现淑女风采，在炎炎夏日中现出透气凉爽的夏装风格。

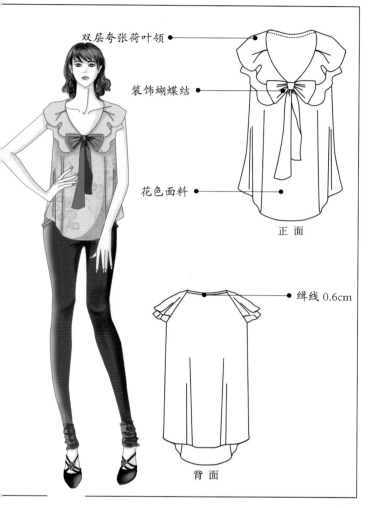

双层夸张荷叶领

装饰蝴蝶结

花色面料

正 面

缉线 0.6cm

背 面

盘花领加上波点图案给人十分艳丽的视觉效果，而在其外加上那层网纱使得醒目的色彩朦胧化，变得柔和起来。

镂空花纹

双层面料

收褶

正 面

缉线 0.6cm
收褶

纱质面料

斑点面料

重叠面料

背 面

设／计／思／路

夸张的大荷叶领边装点出女性的柔美，无袖的设计在夏日中更显清凉。

不规则抽褶花边

外包边 1cm

正面

外包边 1cm

背面

纽扣

缉线 0.6cm

贴袋

缉双线

正面

后中缝缉双线

背面

翻领

缉线 0.6cm

收省

缉线 1cm

正面

缉线 0.6cm

收省

袖克夫宽 4cm

背面

简单的背心设计是夏日必不可少的，在领口处加以精致的花边设计来淡化其平淡，彰显女性柔美。

宽松的青果领西服是春季不可少的一件经典外套。纯白色让其看起来更雅致。

宽松休闲的造型加上简单的白色梭织面料，很有夏日里的休闲感，在炎炎夏日中显得清爽又洁净。

设／计／思／路

01／休闲系绳短裤

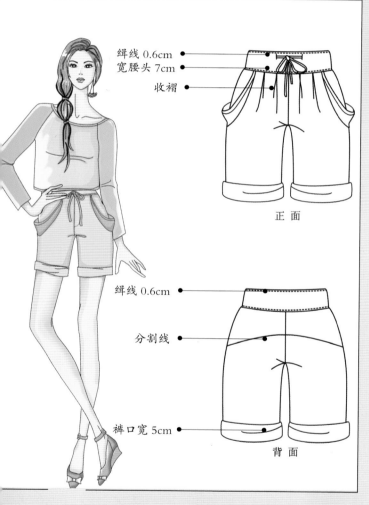

绲线 0.6cm
宽腰头 7cm
收褶

正面

绲线 0.6cm
分割线
裤口宽 5cm

背面

设／计／思／路

干练精简的外形设计，收身的完美裤型，采用舒适的梭织布，一扫夏日的沉闷感。

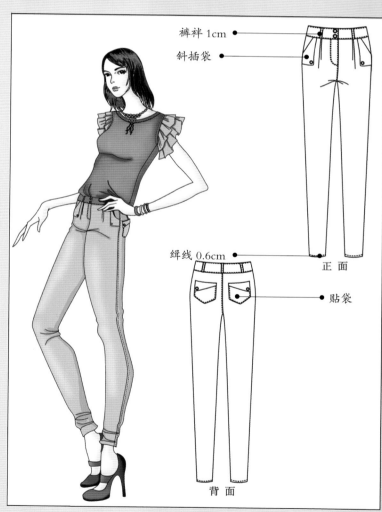

裤袢 1cm
斜插袋

绲线 0.6cm
贴袋

正面

背面

设／计／思／路

本款为夏日休闲短裤，没有过多繁杂的设计，简洁大方的外形给人以舒适的感觉。

02／舒适式休闲长裤

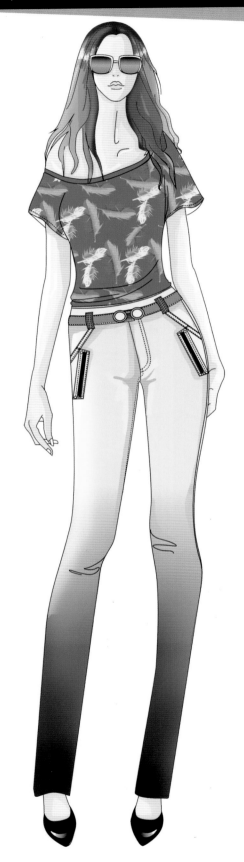

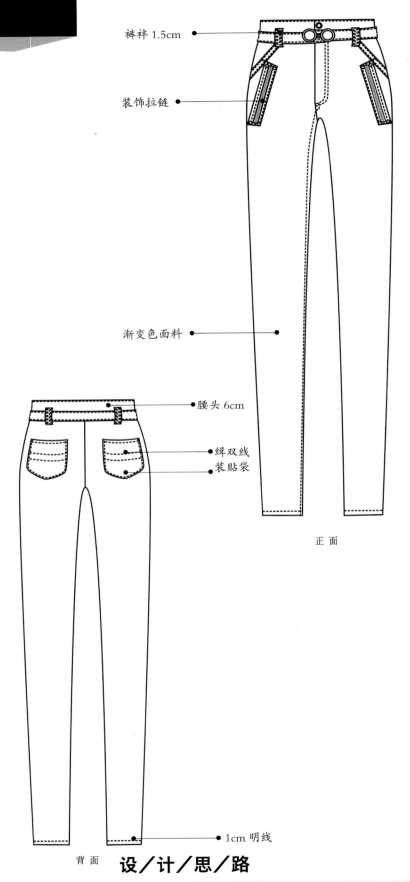

裤袢 1.5cm

装饰拉链

渐变色面料

腰头 6cm

缉双线

装贴袋

正面

背面

1cm 明线

设／计／思／路

裤子面料的渐变色是最大的设计点之一，修长的裤子加上拉链和皮带的装饰更具时尚亮点。

04／个性拼接长裤

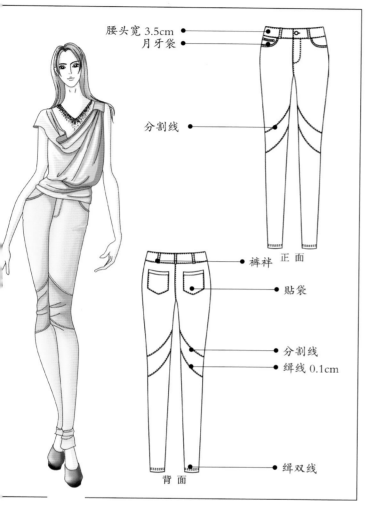

腰头宽 3.5cm
月牙袋

分割线

裤袢　正 面
贴袋

分割线
缉线 0.1cm

缉双线

背 面

设／计／思／路

鲜艳的柠檬黄在视觉上非常明艳，膝盖间拼接的面料打造出更加引人注目的轮廓。

设／计／思／路

西装裤本身易给人硬朗的感觉，这款侧分割设计的改良西装长裤因两侧的开缝减少了其硬朗的轮廓，添加了时尚感。

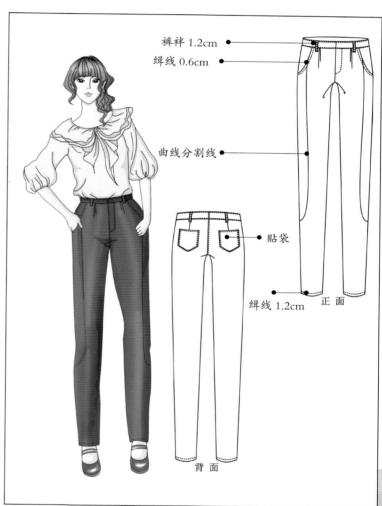

裤袢 1.2cm
缉线 0.6cm

曲线分割线

贴袋

缉线 1.2cm
正 面

背 面

05／休闲西装裤

系带式设计

3cm 间距一个对褶

不对称设计

正面

腰头宽 3.5cm

3cm 间距一个对褶

背面

纽扣

双腰头

隐形拉链

正面

襻带

三层荷叶边设计

背面

设／计／思／路

不对称裙摆的设计，加重了短裙的设计感，下摆重叠的皱褶则增添了柔和的女性美。

设／计／思／路

这是一款不对称裹裙，斜边侧开的细节设计使其轮廓十分明显，宽松的皱褶使硬朗的形状变得柔软起来。

01／夏威夷度假雪纺连衣裙

装橡筋线

做立体花

不规则褶

正面

袖子中间做镂空

背面

设／计／思／路

面料质感轻薄、透明、柔软，制作飘逸的连衣裙非常合适。飘逸的袖型彰显女性在炎热盛夏的浪漫、清凉的感觉，穿着舒适、轻盈。

设／计／思／路

夸张的褶裥袖设计能彰显职业个性。裙边面料上的花纹更是突出女性的柔美，红与白的色彩搭配不艳不俗，好似夏日里的一朵玫瑰。

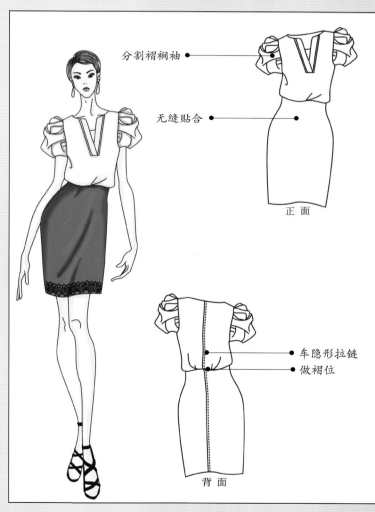

分割褶裥袖

无缝贴合

正面

车隐形拉链

做褶位

背面

02／时尚女裙

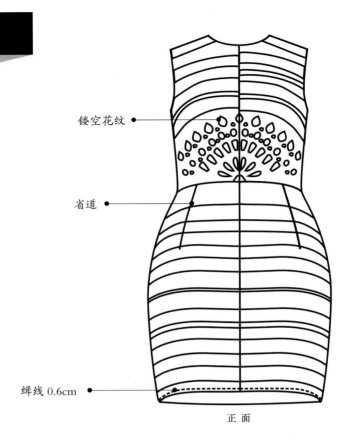

镂空花纹

省道

缉线 0.6cm

正 面

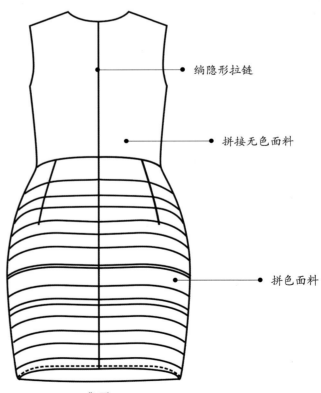

缉隐形拉链

拼接无色面料

拼色面料

背 面

设／计／思／路

各种色彩的拼接给人一种视觉上强烈的冲击，彰显个性，贴合身形的板型设计更加凸显女性身材的曼妙，给人一种现代时尚的美感。

袖口包边
绱拉链
收褶
缉线 0.5cm

正面

条纹面料
腰头宽 6cm
下摆宽 6cm

背面

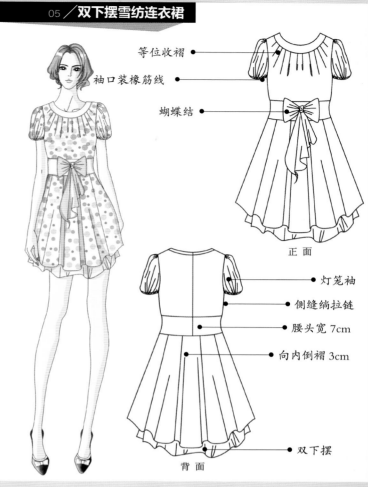

等位收褶
袖口装橡筋线
蝴蝶结

正面

灯笼袖
侧缝绱拉链
腰头宽 7cm
向内倒褶 3cm

双下摆

背面

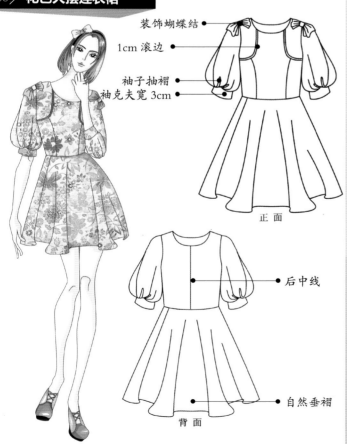

装饰蝴蝶结
1cm 滚边
袖子抽褶
袖克夫宽 3cm

正面

后中线

自然垂褶

背面

清爽帅气的条纹，简单的搭配给人一种十分干净利落的味道，创造出一种夏日里清爽休闲的气息。

漂亮的花纹加上领口处像天女散花般的褶位，给人以柔美可人的感觉。

漂亮的面料花色加上可爱的裙子款式，给人感觉就像是夏日里的百花园，甜美清新。

设／计／思／路

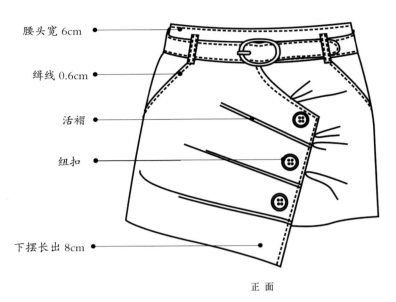

腰头宽 6cm

缉线 0.6cm

活褶

纽扣

下摆长出 8cm

正 面

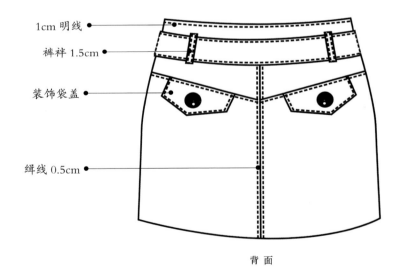

1cm 明线

裤袢 1.5cm

装饰袋盖

缉线 0.5cm

背 面

设／计／思／路

采用不对称式下摆的外形设计告别常见的简单的短裙设计，纽扣和褶位相组合运用避免了单调感，紫色的皮带强调了设计色彩，整体便是完美组合的呈现。

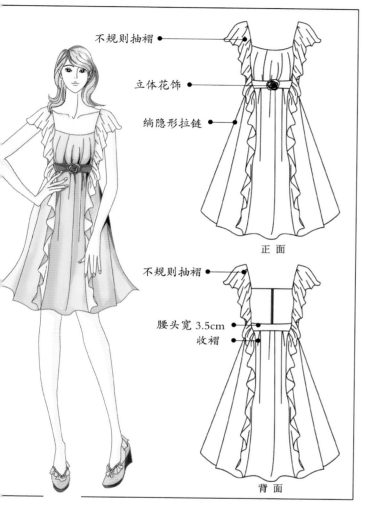

不规则抽褶

立体花饰

绱隐形拉链

正面

不规则抽褶

腰头宽 3.5cm

收褶

背面

设／计／思／路

以天空为灵感来源，将星空或黄昏时的色彩运用到了衣服的面料上，给夏日里的炎热带来一丝亮丽。

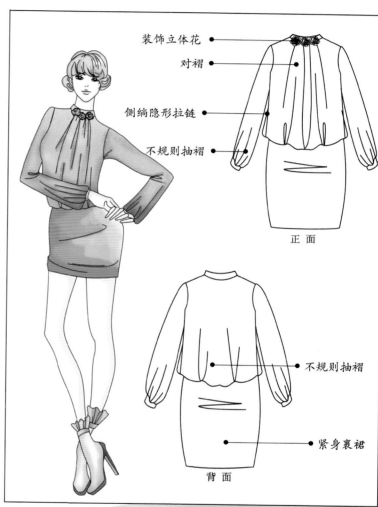

装饰立体花

对褶

侧绱隐形拉链

不规则抽褶

正面

不规则抽褶

紧身裹裙

背面

设／计／思／路

两边梦幻的荷叶边自肩而下一直落到裙摆，腰间装饰的花朵十分显眼，整个款式像是一幅荷花图。

09／收身渐变色连衣裙

荷叶边

公主缝

分割线

正 面

刀背缝

襻带

背 面

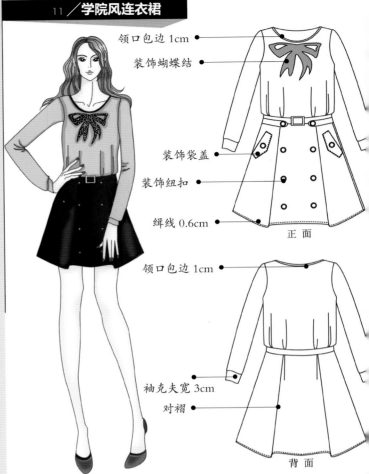

领口包边 1cm

装饰蝴蝶结

装饰袋盖

装饰纽扣

缉线 0.6cm

正 面

领口包边 1cm

袖克夫宽 3cm

对褶

背 面

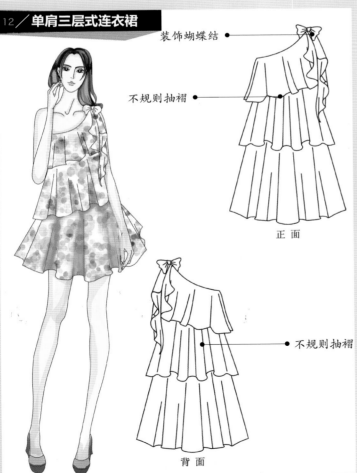

装饰蝴蝶结

不规则抽褶

正 面

不规则抽褶

背 面

运用大"V"字形无领来表现女性的性感，从领口至腰间的荷叶边在整体服装性感风格的基础上添加了柔美。

学院风的连衣裙书香气十足，略带着质感的双排扣装点于裙面，既收身又彰显气质。

采用斜裁的方式剪裁设计，使裙面本身无破缝且拥有波浪大摆，三层式的单肩设计显得十分有层次感。

设／计／思／路

装橡筋抽褶

立体花堆叠

正 面

立体花堆叠

背 面

设／计／思／路

以上轻下重的处理方式来打造这款浪漫的连衣裙，立体花的视觉质感
强调了女性的浪漫，复杂精细的技艺和层次感彰显了衣服的品质。

14／夸张图案连衣裙

装饰纽扣

分割线

倒褶向下逐渐消失

正面

分割线

省道

缉线 0.6cm

背面

设／计／思／路

大胆的色彩运用，使得这款原本简洁大方的连衣裙十分有视觉效果，高腰的设计与面料色彩的拼接凸显出其独有的韵味。

40

15／浪漫花纹迷你小短裙

绯线 0.6cm

泡泡袖

公主缝

绯线 2cm

正面

橡筋带宽 2cm

绱隐形拉链

橡筋带宽 1cm

背面

设／计／思／路

设计灵感来源于大海，像蓝色海洋起伏的波浪，给人以无限想象的空间。

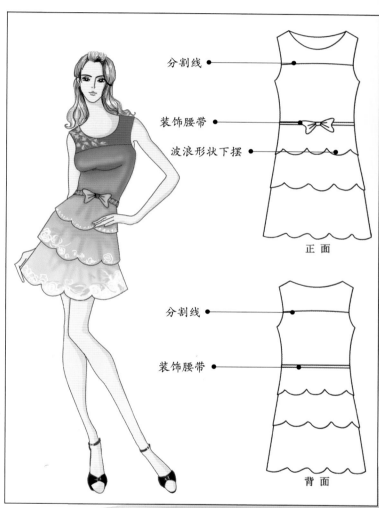

分割线

装饰腰带

波浪形状下摆

正面

分割线

装饰腰带

背面

设／计／思／路

运用花纹图案设计迷你短裙，图案和色彩是其最大的亮点，渐变色的巧妙运用显现出精致的轮廓造型。

16／波浪下摆连衣裙

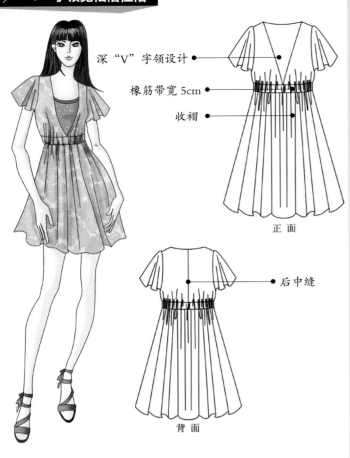

深"V"字领设计 ●

橡筋带宽 5cm ●

收褶 ●

正 面

● 后中缝

背 面

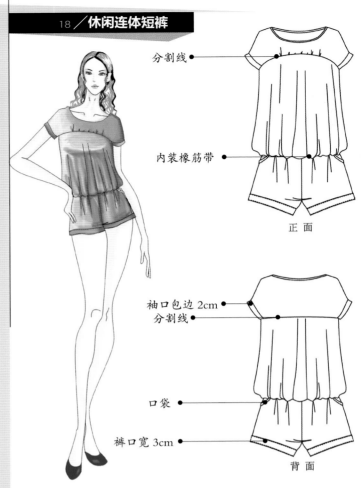

分割线 ●

内装橡筋带 ●

正 面

袖口包边 2cm ●
分割线 ●

口袋 ●

裤口宽 3cm ●

背 面

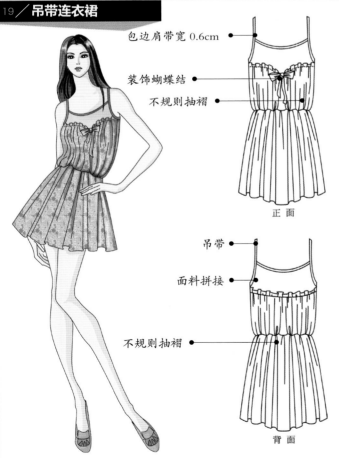

包边肩带宽 0.6cm ●

装饰蝴蝶结 ●

不规则抽褶 ●

正 面

吊带 ●

面料拼接 ●

不规则抽褶 ●

背 面

大"V"字领的设计搭配花朵图案的面料，给人甜美娇俏的美感。

休闲的连体短裤，在款式的设计上没有过多花哨的元素，简单大方，给人休闲舒适的感觉。

抹胸设计凸显出小性感，多重皱褶则带来柔美，吊带式的清爽造型在夏日里也是十分抢眼的装束之一。

设／计／思／路

20／玫瑰花纹连衣裙

腰带宽 3.5cm ●

正面

不规则抽褶 ●

背面

设／计／思／路

以玫瑰花型图案面料为主而设计的雪
纺连衣裙，利用腰间的纯色腰带平衡
了其过多的甜美，看上去漂亮又大方。

设／计／思／路

皱褶为主的多层雪纺连衣裙，圆点图
案显得格外可爱，再加上本身的轮廓
使其整款服装可爱的风格更为突出。

缉线 0.6cm ●

装饰扣 ●

圆点雪纺面料 ●

有规律的对褶 ●

正面

缉线 0.6cm ●

有规律的对褶 ●

背面

21／无袖层叠连衣裙

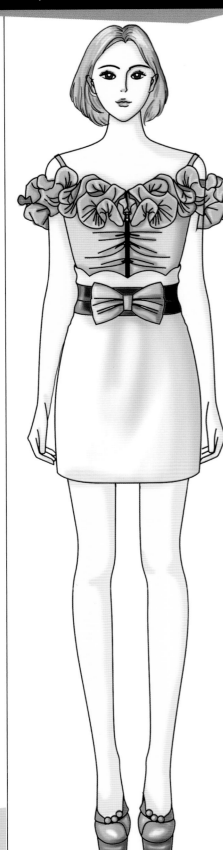

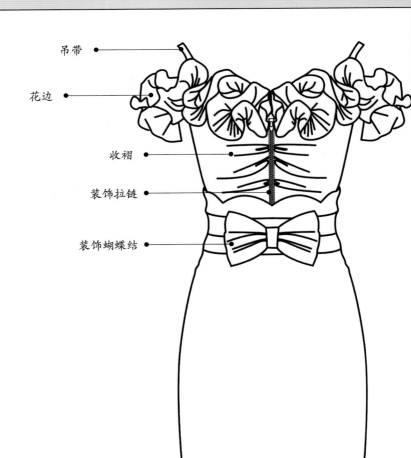

吊带

花边

收褶

装饰拉链

装饰蝴蝶结

正面

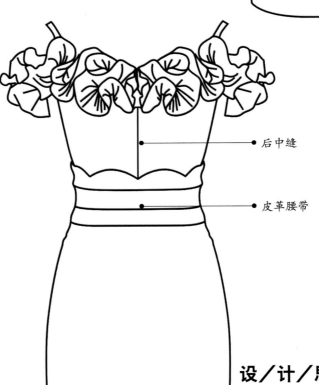

后中缝

皮革腰带

背面

设／计／思／路

以花瓣为灵感来源的设计，将落肩装点上了大量漂亮形状的花边，加上粉色面料的搭配，整件衣服显得如同真的花瓣一般。

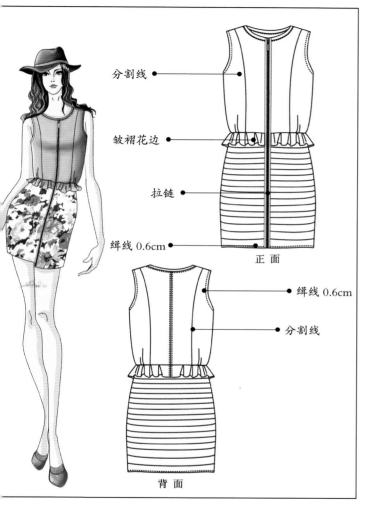

分割线

皱褶花边

拉链

缉线 0.6cm

正面

缉线 0.6cm

分割线

背面

设／计／思／路

鲜亮的色彩加上领口荷叶边的设计，在夏日里如同一朵盛开的花。

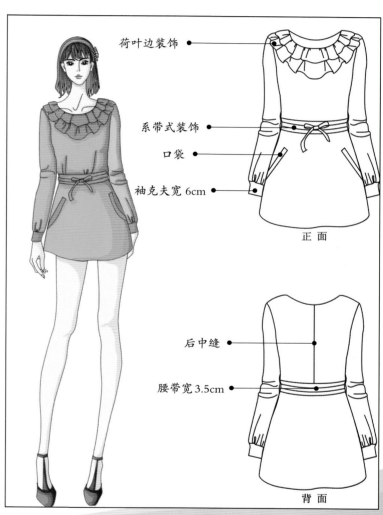

荷叶边装饰

系带式装饰

口袋

袖克夫宽 6cm

正面

后中缝

腰带宽 3.5cm

背面

设／计／思／路

"H"形的连衣裙，简单廓形中不失细节，花纹面料的巧妙运用，搭配出漂亮大方的休闲连衣裙。

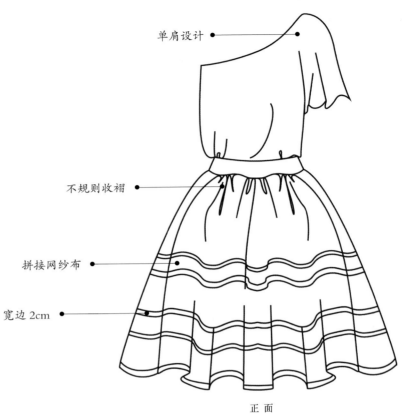

单肩设计

不规则收褶

拼接网纱布

宽边 2cm

正 面

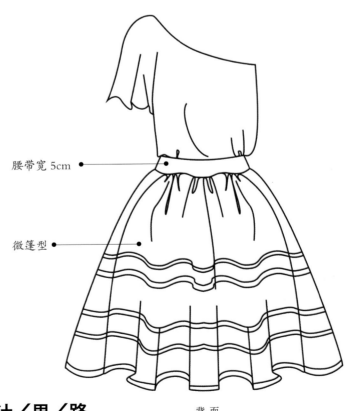

腰带宽 5cm

微篷型

背 面

设/计/思/路

面料的图案就如同一幅油画印在裙上，色彩浓淡刚好，显得格外清新秀雅。

第四章
针织面料韩式春夏女装设计

针织面料是利用织针将纱线弯曲成圈并相互串套而形成的织物。针织面料与梭织面料的不同之处在于纱线在织物中的形态不同。针织面料分为纬编和经编两种。针织面料具有三大性能特点。

1. 伸缩性

针织面料具有良好的伸缩性，在样板设计时可以最大限度地减少为造型而设计的接缝、收褶、拼接等。针织面料一般也不宜运用推归、拔烫的技巧造型，而宜利用面料本身的弹性或适当运用褶皱手法的处理来适合人体曲线。那么面料伸缩性的大小就成为在样板设计制作时的一个重要的依据。

2. 卷边性

针织物的卷边性是由于织物边缘线圈内应力的消失而造成的边缘织物包卷现象。卷边性是针织物的不足之处。它可以造成衣片的接缝处不平整或服装边缘的尺寸变化，最终影响到服装的整体造型效果和服装的规格尺寸。但并不是所有的针织物都具有卷边性，而是如纬平针织物等个别组织结构的织物才有。对于这种织物，在样板设计时可以通过加放尺寸进行挽边、镶接罗纹或滚边及在服装边缘部位镶嵌粘合衬条的办法解决。有些针织物的卷边性在织物进行后期整理的过程中已经消除，避免了样板设计时的麻烦。需要指出的是很多设计师在了解面料性能的基础上可以反弊为利，利用织物的卷边性，将其设计在样板的领口、袖口处，从而使服装得到特殊的外观风格，令人耳目一新，特别是在成型服装的编织中还可以利用其卷边性形成独特的花纹或分割线。

3. 脱散性

针织面料在风格和特性上与梭织面料不同，其服装的风格不但要强调发挥面料的优点，更要克服其缺点。由于个别针织面料具有脱散性，样板设计与制作时要注意有些针织面料不要运用太多的夸张手法，尽可能不设计省道、切割线，拼接缝也不宜过多，以防止发生针织线圈的脱散而影响服装的实用性，应运用简洁柔和的线条，与针织品的柔软适体风格协调一致。

针织面料具有许多梭织面料不具备的独特优点，如针织面料质地柔软，具有良好的抗皱性和透气性，面料轻薄、飘逸感强，穿着舒适、贴身、无拘束感，并能充分体现人体曲线。

第一节　针织面料韩式春夏女装上装设计

01／不对称个性上衣

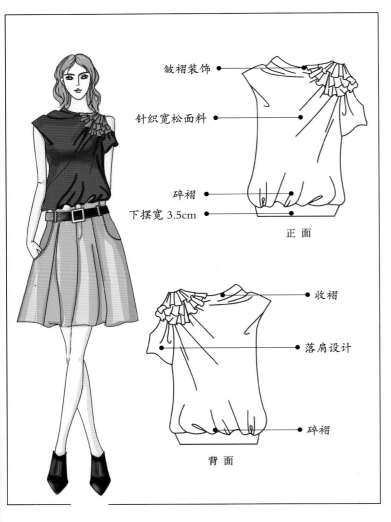

- 皱褶装饰
- 针织宽松面料
- 碎褶
- 下摆宽 3.5cm

正面

- 收褶
- 落肩设计
- 碎褶

背面

设／计／思／路

略为夸张的泡泡袖设计加上休闲宽松的板型，打造出十分舒适的一件夏季上装。

- 收褶
- 不规则抽褶

正面

- 橡筋线收

背面

02／夸张褶裥上衣

设／计／思／路

抽象的皱褶，不对称的肩部轮廓，创造出略带夸张的效果。

03／浪漫层叠下摆上衣

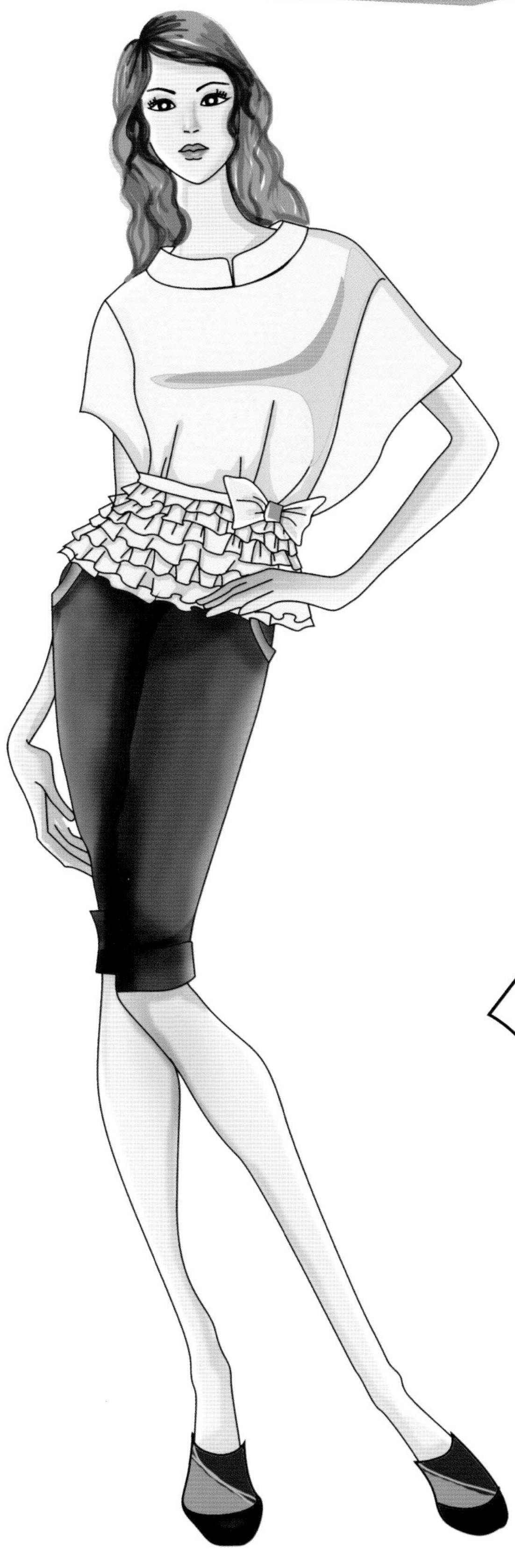

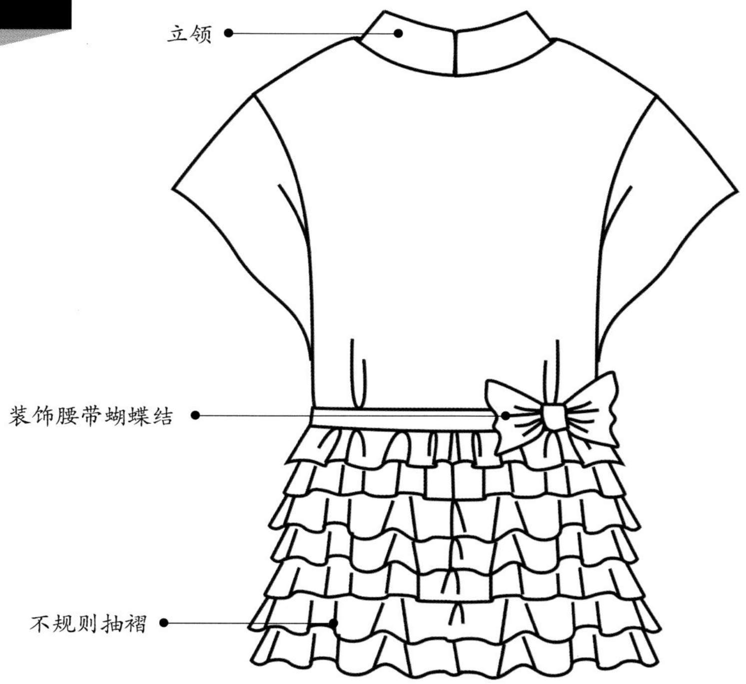
立领
装饰腰带蝴蝶结
不规则抽褶

正 面

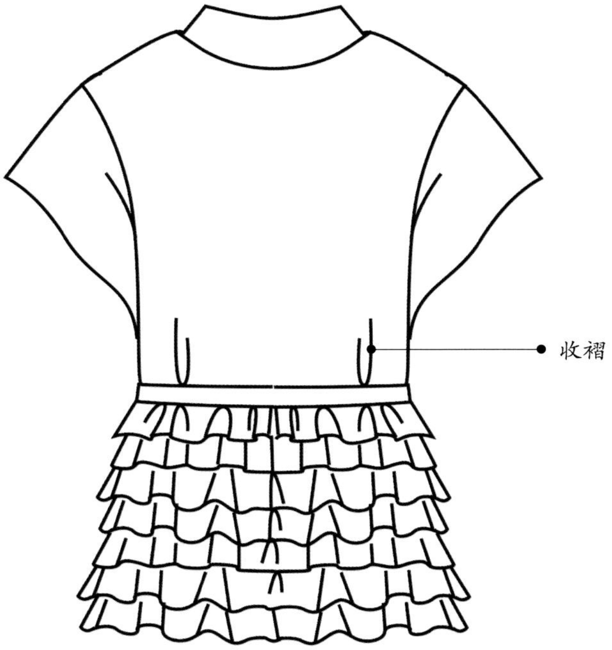
收褶

背 面

设／计／思／路

略带蝙蝠袖的针织衫在下摆处放上多重花边，营造出一种浪漫的气息。

落肩设计 ●

贴袋 ●

正面

● 分割线

背面

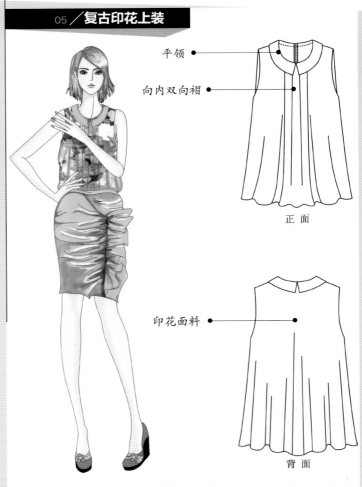

平领 ●

向内双向褶 ●

正面

印花面料 ●

背面

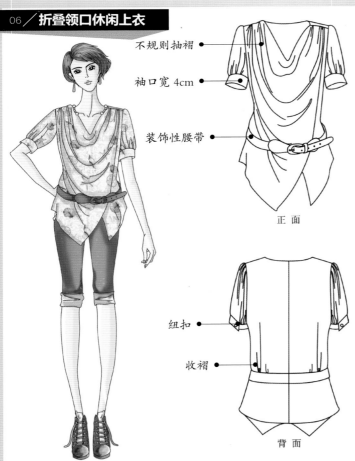

不规则抽褶 ●

袖口宽 4cm ●

装饰性腰带 ●

正面

纽扣 ●

收褶 ●

背面

垂坠的平纹针织衫休闲且轻薄，给人无太多约束感，是一款让人倍感舒适休闲的外套。

面料上使用了图案夸张且有丰富色彩的印花面料，在视觉上给人以冲击。

运用图案华丽且悬垂感良好的针织面料制作的休闲时尚上衣。

设/计/思/路

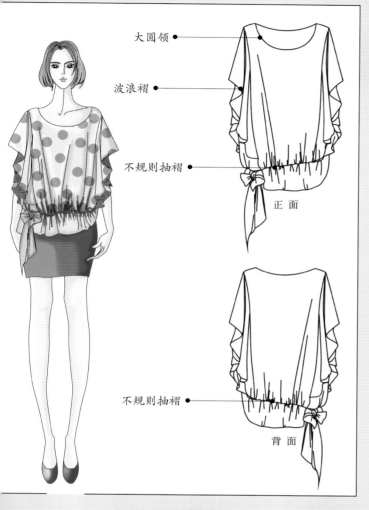

大圆领

波浪褶

不规则抽褶

正 面

不规则抽褶

背 面

设／计／思／路

针织毛衣与少量皮革相结合的碰撞设计，显得格外醒目，流苏在帅气的中性风格中不失女性的柔美。

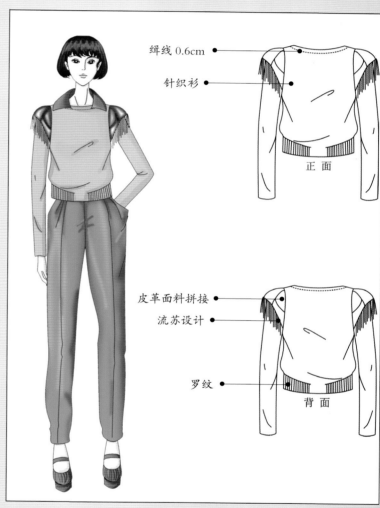

缉线 0.6cm

针织衫

正 面

皮革面料拼接

流苏设计

罗纹

背 面

设／计／思／路

大圆点图案一直都是时尚界的流行要素之一，以其作为面料辅助设计，加以宽松时尚的板型，随性又时尚。

08／针织拼接皮革式毛衣

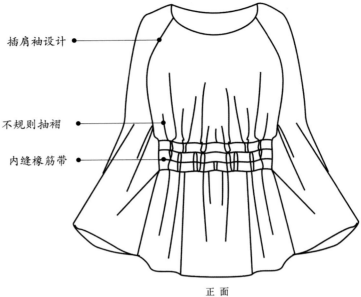

插肩袖设计 ●

不规则抽褶 ●

内缝橡筋带 ●

正 面

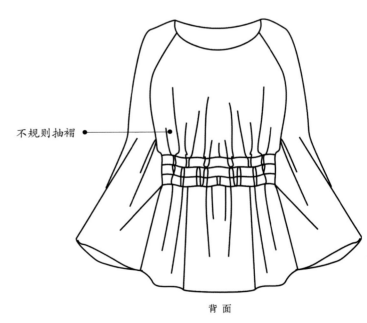

不规则抽褶 ●

背 面

设/计/思/路

花朵图案与这款插肩蝙蝠袖的结合看上去十分和谐，采用轻质薄透的针织面料，在夏日中不用担心有炎热感。

10／复古花纹上衣

领口包边 2cm
花纹面料拼接
分割线

正 面

分割线

背 面

设／计／思／路

花纹面料与针织面料相结合的上装，花纹是立体刺绣制作的，所以款式给人美感的同时却也无法忽视它的优良质感。

设／计／思／路

夸张几何图形面料裁剪的斗篷显得十分休闲、飘逸、简单大方。

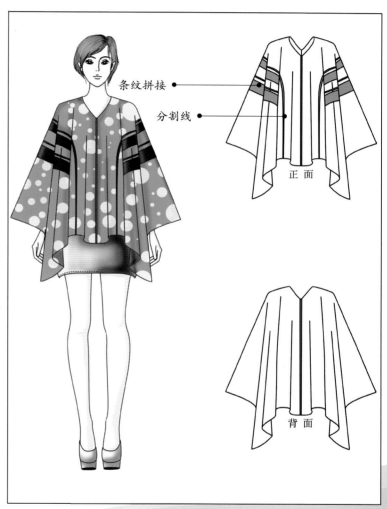

条纹拼接
分割线

正 面

背 面

11／斗篷式上衣

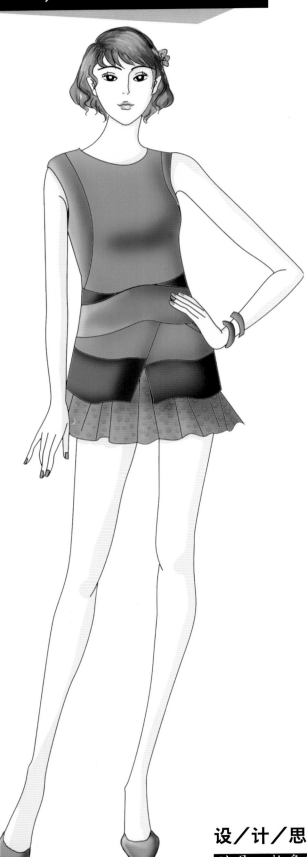

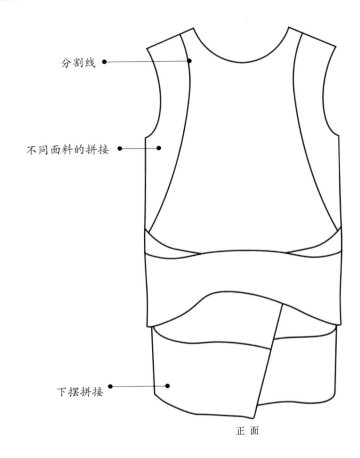

分割线

不同面料的拼接

下摆拼接

正 面

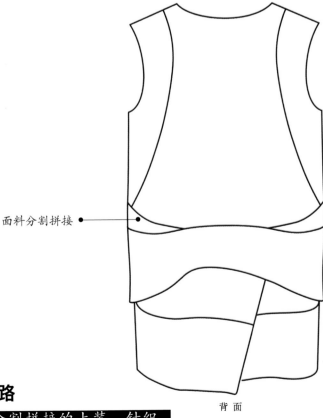

面料分割拼接

背 面

设／计／思／路

这是一款多处分割拼接的上装，针织
与皮革的搭配，抽象而又帅气。

01／豹纹连衣裤

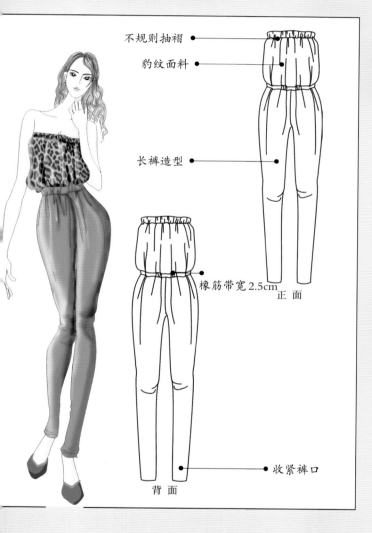

不规则抽褶

豹纹面料

长裤造型

橡筋带宽2.5cm

正面

收紧裤口

背面

上装宽松休闲的大蝴蝶结与下装围裹式条纹的明显对比，衬托出女性独有的柔美。

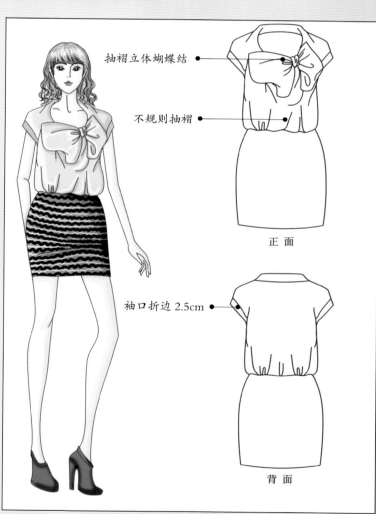

抽褶立体蝴蝶结

不规则抽褶

正面

袖口折边 2.5cm

背面

设／计／思／路

豹纹的部分运用，使得裹胸式的连身裤更加性感，在彰显个性的同时，又多了几分叛逆的性感。

02／紧身连衣裙

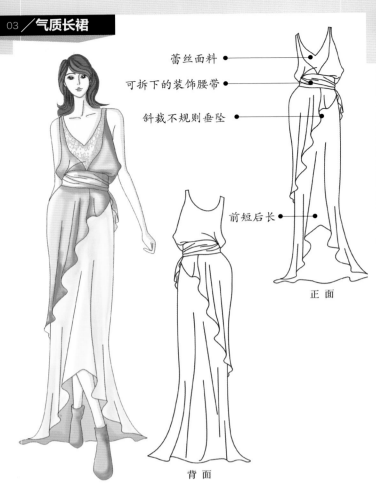

蕾丝面料

可拆下的装饰腰带

斜裁不规则垂坠

前短后长

正面

背面

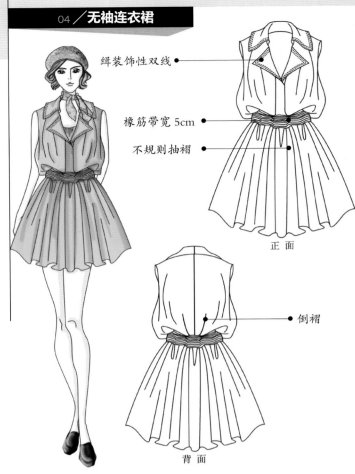

缉装饰性双线

橡筋带宽 5cm

不规则抽褶

正面

倒褶

背面

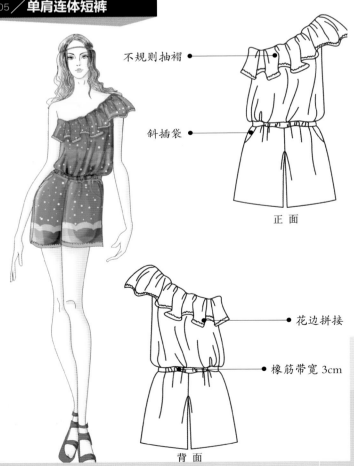

不规则抽褶

斜插袋

正面

花边拼接

橡筋带宽 3cm

背面

长款飘逸的连衣裙是每个夏季的热品，"V"字领、双色面料、下摆不对称的设计显现出个性。

以衬衫为原形而设计的连衣裙，休闲美观。腰间收紧下摆放大的款形十分凸显身材。

创意图案与单肩连体短裤相结合，借鉴于彩虹的色彩设计，既浪漫又不失女人味。

设／计／思／路

使用斜纱做褶

不规则抽褶

拼接直纹布下摆

正 面

装饰腰带

背 面

设／计／思／路

以肩部抽褶垂坠面料来柔化过于简单的款式，亮钻腰带给人呈现一种奢华感。

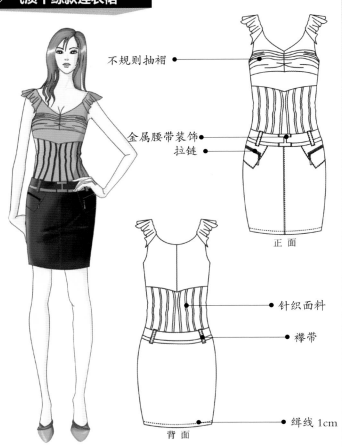

不规则抽褶 ●

金属腰带装饰 ●
拉链 ●

针织面料 ●

襻带 ●

缉线 1cm ●

正 面

背 面

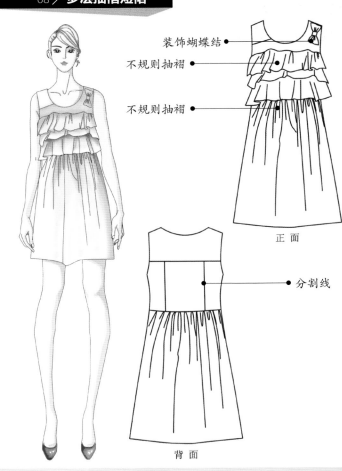

● 装饰蝴蝶结
● 不规则抽褶

● 不规则抽褶

正 面

● 分割线

背 面

分割线 ●
装饰蝴蝶结 ●
不规则抽褶 ●

正 面

分割线 ●
装橡筋线抽褶 ●

背 面

针织面料与梭织面料相
结合的连衣裙，腰间直
纹针织图案同窄裙相结
合显得本款连衣裙干练
洒脱，精简职业。

波浪重叠装饰的高腰设
计，运用有良好流质感
的针织面料，使短裙穿
起来线条十分流畅富有
美感。

线型图案给连衣裙本身
添加了活力，增强了视
觉上的吸引力，其中拼
接的色彩则营造出轻松
愉悦之感。

设／计／思／路

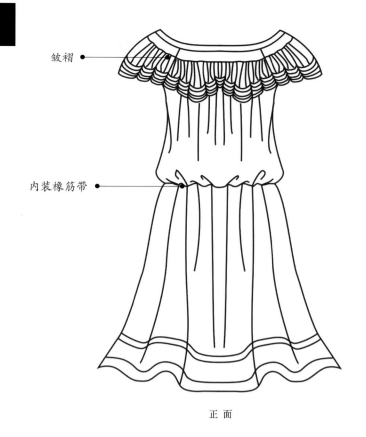

皱褶 ●

内装橡筋带 ●

正 面

● 落肩设计

● 下摆拼接面料

背 面

设／计／思／路

落肩的肩部皱褶设计，带着
些许的小性感，束紧的腰部
设计勾勒出女性独有的曲线。

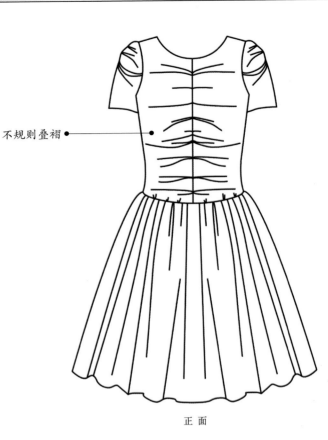

不规则叠褶 ●

正 面

纱裙 ●

背 面

设／计／思／路

采用针织衫上衣与纱裙结合的设计手
法，不同的面料带来全新的视觉质感。

12／缠绕式连衣裙

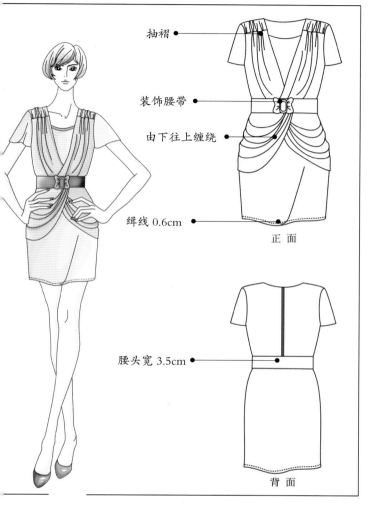

抽褶

装饰腰带

由下往上缠绕

缉线 0.6cm

正 面

腰头宽 3.5cm

背 面

设／计／思／路

本款服装设计点在于腰间抽褶设计，将服装轮廓本身勾勒的很好，渐变的色彩在腰间显得极为突出。

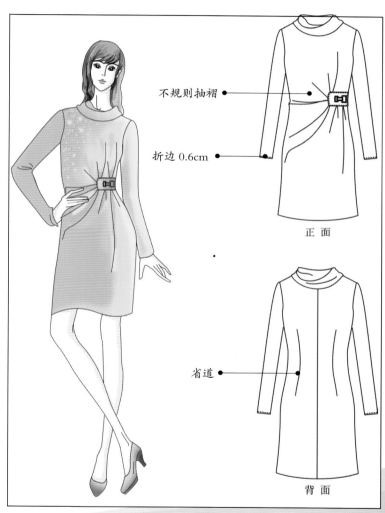

不规则抽褶

折边 0.6cm

正 面

省道

背 面

13／腰间抽褶长裙

设／计／思／路

采用悬垂感良好的面料，通过缠绕的设计，表现了服装的现代化气息，更突出其造型上的个性。

14／淑女式连衣裙

- 收褶
- 嵌入式的设计
- 腰带宽 5cm

正 面

背 面

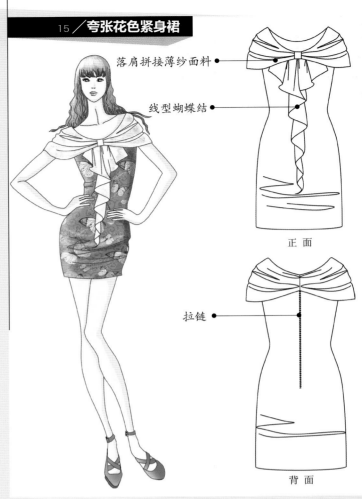

15／夸张花色紧身裙

- 落肩拼接薄纱面料
- 线型蝴蝶结
- 拉链

正 面

背 面

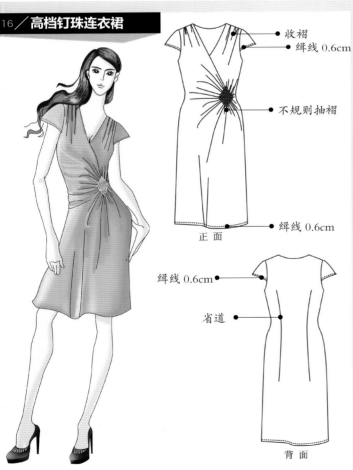

16／高档钉珠连衣裙

- 收褶
- 缉线 0.6cm
- 不规则抽褶
- 缉线 0.6cm

正 面

- 缉线 0.6cm
- 省道

背 面

运用丝绸平纹针织材质制作而成的这款连衣裙，流动感与色彩光泽感都极其华丽。

将常见的紧身连衣裙通过复杂夸张的面料来体现设计感，使其看上去视觉效果颇佳，领口位的薄纱又增添了一种朦胧的美感。

运用斜裁方式来展现针织丝绸所特有的垂坠感，腰间的手工钉珠则显示其高贵的质感。

设/计/思/路

镂空花纹

橡筋带宽 2.5cm

正面

镂空花纹

背面

设／计／思／路

精致的花纹搭配上时尚的款式，成就了一件时尚又大气的夏日连衣裙。

纽扣

不规则抽褶

斜插袋

正面

分割线

背面

缉明线

设／计／思／路

以缠绕式收紧的垂坠连衣裙，左右不对称的裁剪工艺，针织面料的流动性使其具有柔美流动感。

19 ／ 蕾丝拼接度假连衣裙

插肩袖

蕾丝面料

自然褶皱

装饰腰带

正 面

背 面

设／计／思／路

新颖的裁剪手法，以多道分割和褶位来表现这件极具立体感的连衣裙，再加上裙装的色彩的和谐搭配，整体造型优雅高贵。

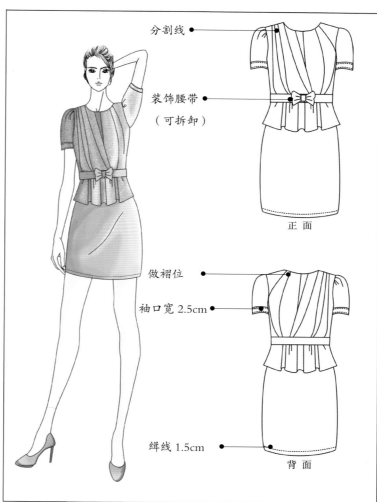

分割线

装饰腰带
（可拆卸）

做褶位

袖口宽 2.5cm

缉线 1.5cm

正 面

背 面

设／计／思／路

运用蕾丝与面料巧妙的组合，打造出帅气而又不失柔美的造型外观。

20 ／ 装饰褶连衣裙

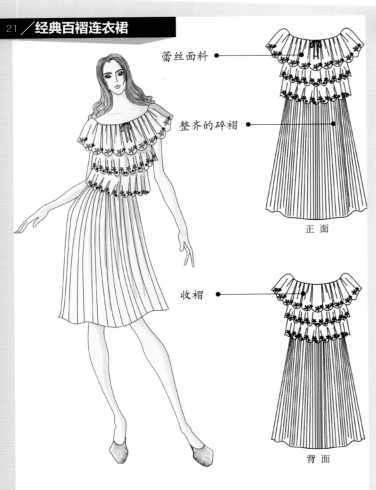

蕾丝面料

整齐的碎褶

收褶

正面

背面

省道

分割线

正面

省道

背面

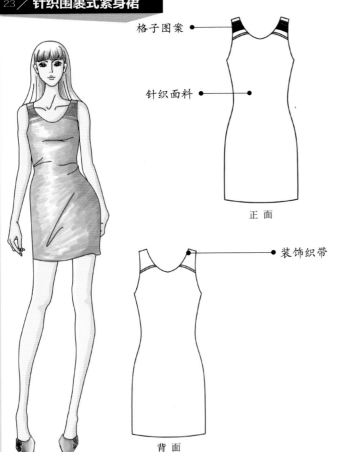

格子图案

针织面料

正面

装饰织带

背面

运用褶皱技术来设计制作从领口一直到裙身的打褶位和聚拢效果，打造出蓬松的服装视觉效果。上半身蕾丝花纹的装饰增添了柔美感。

针织条纹连衣裙，简单的外形结构，精准的工艺技巧让这件连衣裙看上去十分性感。

运用针织面料的围裹式设计，肩部的针织花纹平衡了些许的严肃，整体给人以简洁大方的感觉。

设／计／思／路

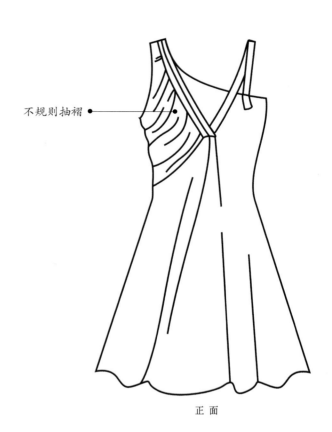

不规则抽褶

正 面

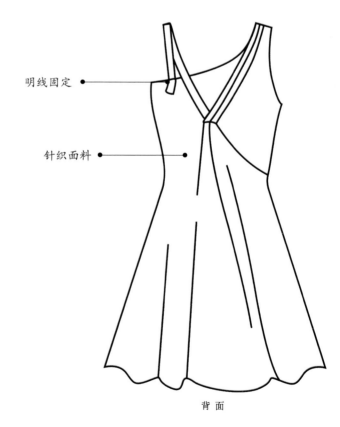

明线固定

针织面料

背 面

设／计／思／路

运用不规则的左右设计，极具设计感，针织面料的合理运用，加上款式随性的变化，显得另类而又时尚。

收褶

装饰纽扣

公主缝

侧缝装拉链

多层波浪下摆

正　面

领贴宽2cm

刀背线

背　面

设／计／思／路

粉色是大部分女生向往的最爱，以粉色为主设计的这款连衣裙，裙边多层的花边设计使其看上来格外甜美动人。

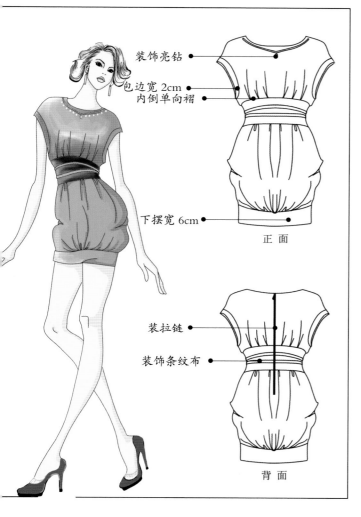

装饰亮钻

包边宽 2cm
内倒单向褶

下摆宽 6cm

正 面

装拉链

装饰条纹布

背 面

设／计／思／路
这款裙装偏向职业化，但下摆处的花苞设计，简单大方兼具时尚感。

设／计／思／路
大波浪般的碎褶加上肩两边的花边装点，使得这款连衣裙看起来十分 梦幻，视觉上给人以美的享受。

不规则叠褶

系带式休闲设计

正 面

缉线 0.6cm

双层荷叶边下摆

背 面

装饰性珠子
不规则褶皱
腰带宽 4cm

正面

皱褶花边
袖口皱褶
隐形拉链
不规则褶皱

背面

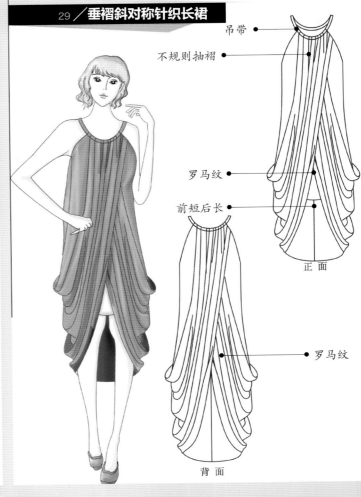

吊带
不规则抽褶
罗马纹
前短后长

正面

罗马纹

背面

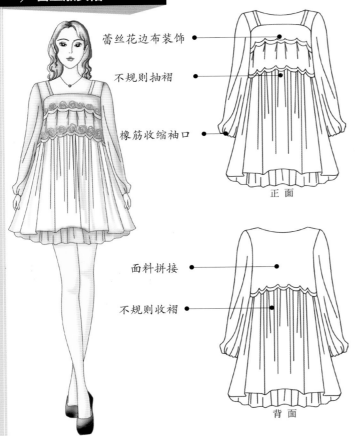

蕾丝花边布装饰
不规则抽褶
橡筋收缩袖口

正面

面料拼接
不规则收褶

背面

高领抽褶部位加上珍珠的装饰固定，使其不会显得臃肿，反而增添了高雅气质。

线型堆积的条纹褶皱在视觉上形成拉长的效果。

裙子本身的色彩搭配给人甜美的感觉，再加上蕾丝和大量皱褶的加入，使甜美感越发明显。

设／计／思／路

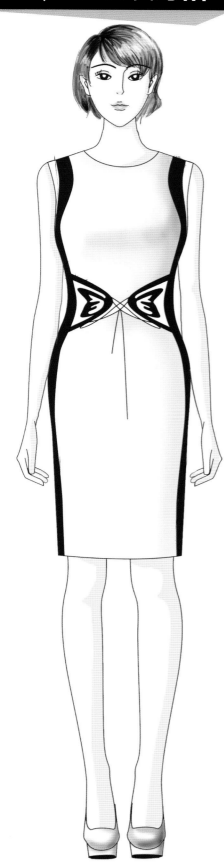

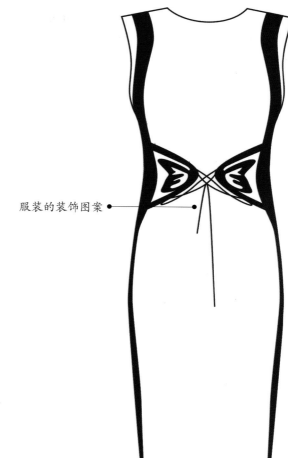

服装的装饰图案 ●

正 面

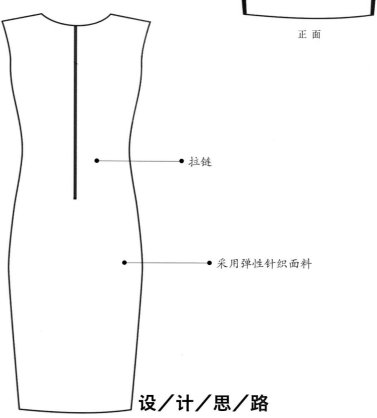

● 拉链

● 采用弹性针织面料

背面

设／计／思／路

利用针织面料特有的弹性，该款无缝
贴合缝制使得着装效果十分贴身，是
一款修身长裙。

编制绳

不规则叠褶

不规则收褶

内装橡筋带

正面

背面

设／计／思／路

裹胸式的编织设计，胸口处的多处皱褶让人显得格外性感，但性感中又透射出淡淡的高贵。

33／不规则吊带长裙

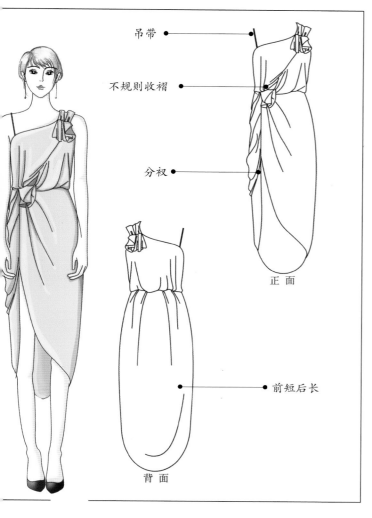

吊带

不规则收褶

分衩

正面

前短后长

背面

利用褶位堆积出来的针织连衣裙，没有过多裁片分割，给人带来十分流畅的视觉享受。

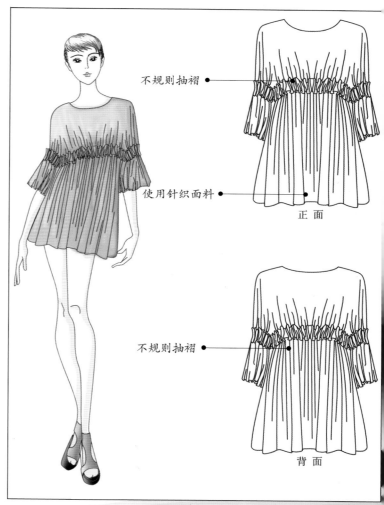

不规则抽褶

使用针织面料

正面

不规则抽褶

背面

设／计／思／路

使用翠绿色的面料来设计的这款长裙，设计点在于它的皱褶和捏褶，不会过度夸张却也十分醒目惊艳，每一笔都恰到好处。

34／宽松连衣裙

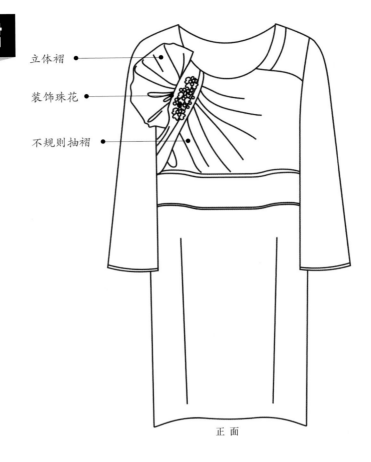

立体褶 •

装饰珠花 •

不规则抽褶 •

正 面

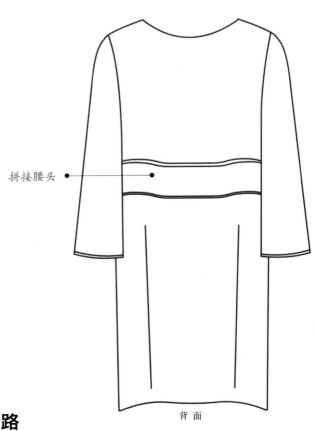

拼接腰头 •

背 面

设／计／思／路

胸部的不对称立体褶花，展现了女性柔美的韵味。
简洁的造型设计，给人以休闲、舒适的体验感受。

第五章
牛仔面料韩式春夏女装设计

　　牛仔面料是一种较粗厚的色织经面斜纹棉布，经纱颜色深，一般为靛蓝色，纬纱颜色浅，一般为浅灰或煮炼后的本白纱，又称靛蓝劳动布。经纱采用浆染联合一步法染色工艺，也有采用变化斜纹、平纹或绉组织牛仔面料。坯布经防缩整理，缩水率比一般织物小，质地紧密、厚实，色泽鲜艳，织纹清晰。牛仔面料具有易吸收水分、透湿、吸汗、透气性良好，穿着舒适、质地厚实，纹路清晰的特性，经过适当处理，可以防皱、防缩、防变形。

01／落肩牛仔上衣

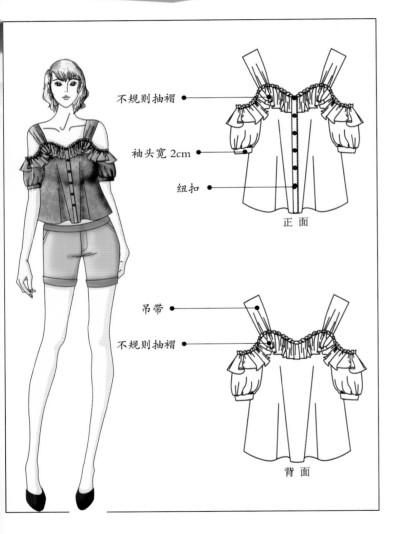

不规则抽褶

袖头宽2cm

纽扣

正面

吊带

不规则抽褶

背面

设／计／思／路

吊带露肩式的牛仔上衣，采用有些洗旧的面料，使用褶皱的方式装点胸围线，降低了牛仔面料的陈旧感和古老感。

设／计／思／路

上衣胸前的波浪皱褶是设计的重点，面料采用洗白牛仔面料，能给人流畅的感觉。

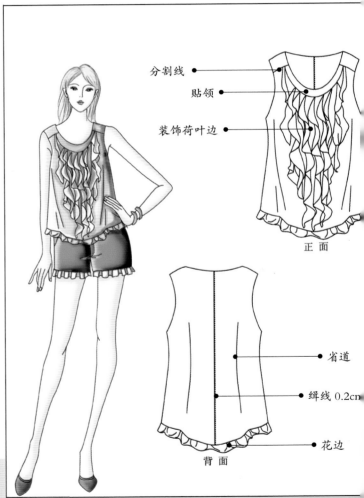

分割线

贴领

装饰荷叶边

正面

省道

缉线 0.2cm

花边

背面

02／运动款式荷叶边装饰上衣

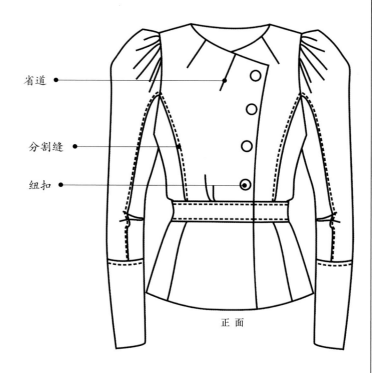

省道

分割缝

纽扣

正面

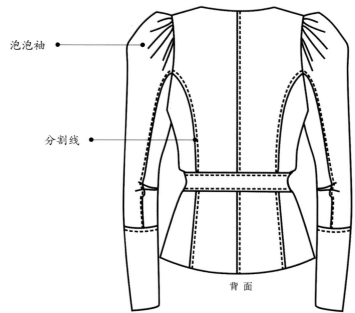

泡泡袖

分割线

背面

设／计／思／路

新颖的裁剪制作出极有立体感的外套，多处的分割设计和面料拼接，显得格外帅气随性。

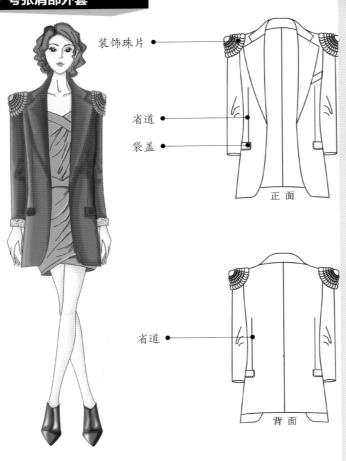

装饰珠片

省道

袋盖

正 面

省道

背 面

分割线

牛仔花纹面料

装饰腰带

收褶荷叶边

正 面

牛仔面料袖口

收褶

背 面

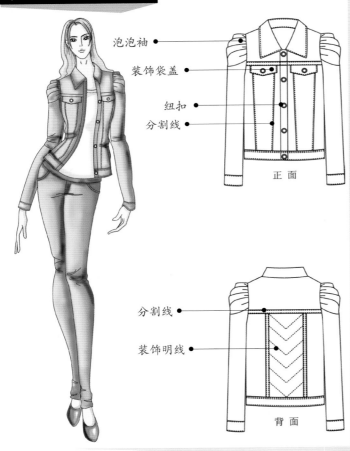

泡泡袖

装饰袋盖

纽扣

分割线

正 面

分割线

装饰明线

背 面

这是以西装为原型设计的牛仔外套，肩部夸张的饰品设计使原本有些沉闷的外套丰富、时尚了起来。

以牛仔布为装饰来点缀肩部，立体的轮廓对比下摆处的柔和面料，形成全新的造型感。

帅气牛仔外套在细节上采用分割明线，而泡泡袖的设计则添加了些许女性的柔美气质。

设／计／思／路

07／蕾丝装饰牛仔衬衫

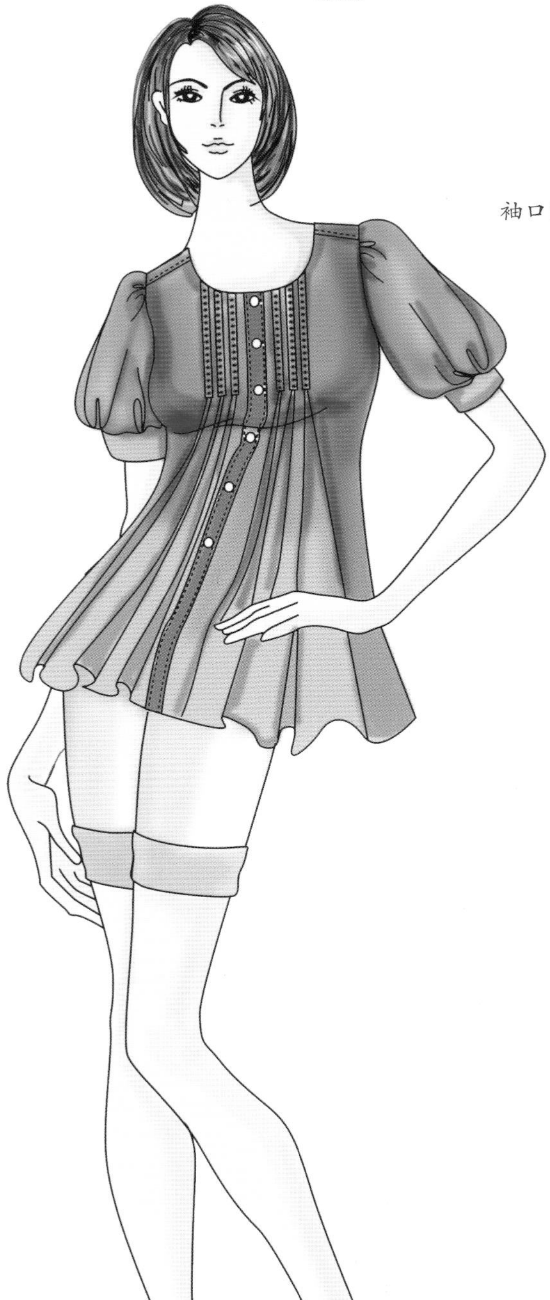

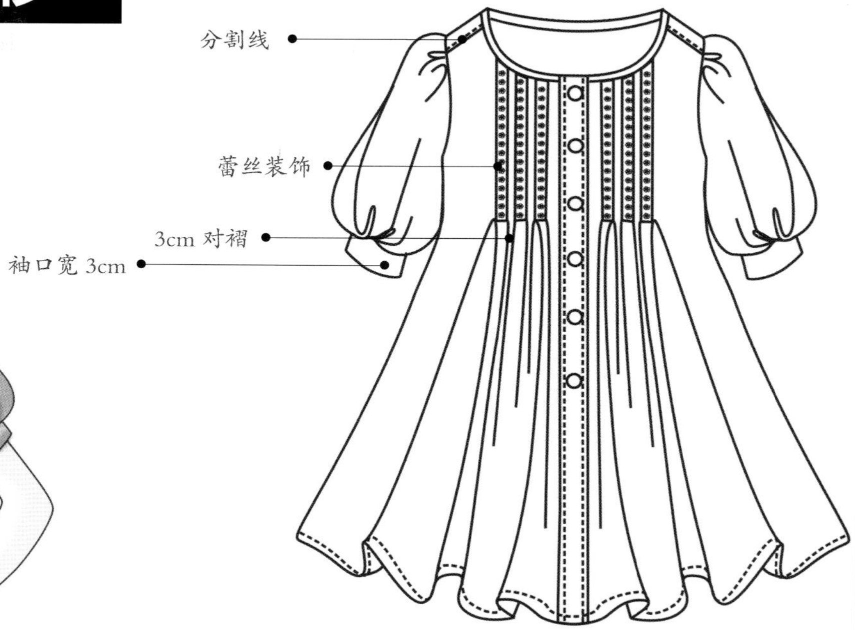
分割线
蕾丝装饰
3cm 对褶
袖口宽 3cm

正面

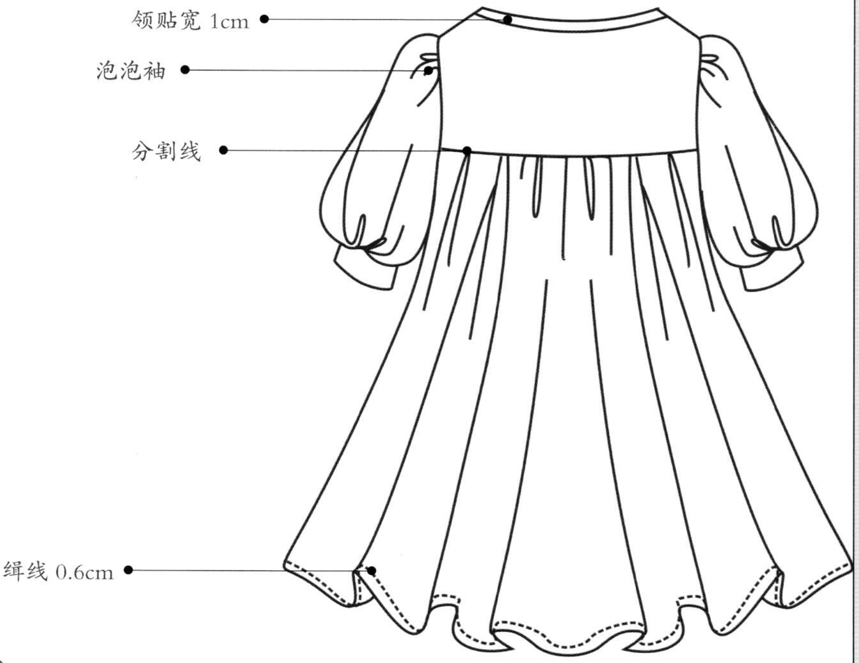
领贴宽 1cm
泡泡袖
分割线
缉线 0.6cm

背面

设／计／思／路

这是一款可爱俏皮的韩式衬衫，胸前的褶位使用蕾丝装点，泡泡袖与褶位下摆增添俏致。

领贴宽 7cm

泡泡袖

不规则收褶

正 面

橡筋线收褶

背 面

收紧袖口

设／计／思／路

运用两种面料拼接而成的牛仔上衣, 收身效果极佳。
袖口收紧的设计效果显得格外突出。

第二节　牛仔面料韩式春夏女装下装设计

01／咖啡色牛仔短裤

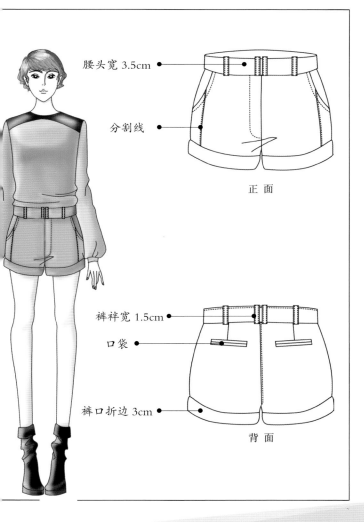

腰头宽 3.5cm

分割线

正面

裤袢宽 1.5cm

口袋

裤口折边 3cm

背面

设／计／思／路
不规则门襟的设计是此款的亮点之一。
裙和裤的完美结合，演绎着女性夏日
的时尚。

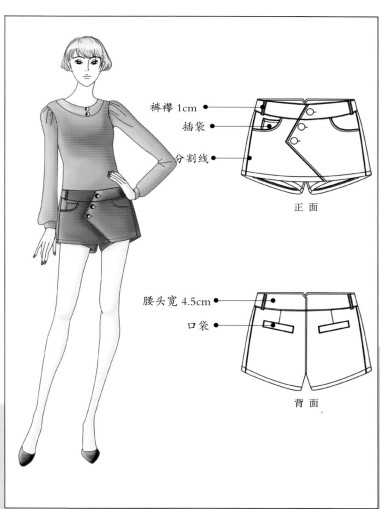

裤襻 1cm

插袋

分割线

正面

腰头宽 4.5cm

口袋

背面

设／计／思／路
短裤是夏日里女生靓丽装扮的法宝之一，简单的牛
仔短裤可以成为各色衣服的百搭首选。

02／牛仔钉扣裙裤

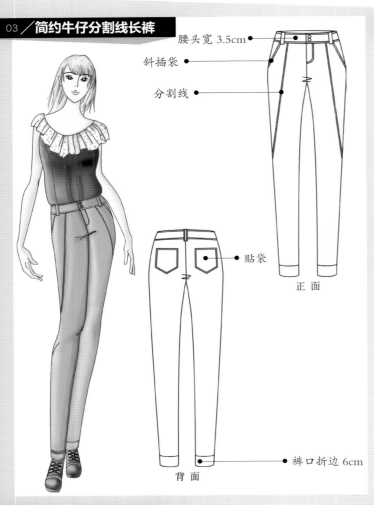

腰头宽 3.5cm
斜插袋
分割线
贴袋
正面
裤口折边 6cm
背面

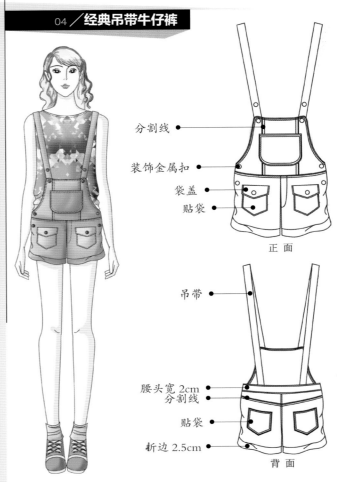

分割线
装饰金属扣
袋盖
贴袋
正面
吊带
腰头宽 2cm
分割线
贴袋
折边 2.5cm
背面

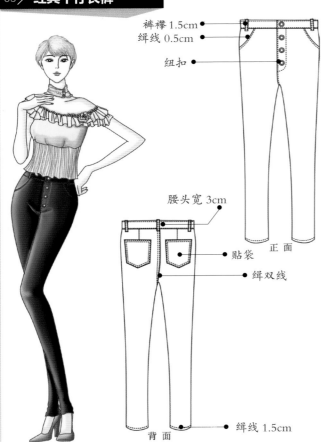

裤襻 1.5cm
缉线 0.5cm
纽扣
腰头宽 3cm
贴袋
缉双线
正面
缉线 1.5cm
背面

简单的分割线长裤,以深粉色的色彩来呈现,展现女性修长的双腿。

本款吊带牛仔短裤给人俏皮可爱的感觉,清爽简洁的造型是夏日必不可少的一件单品。

黑色的牛仔长裤能突显修长的腿形,工艺上的结构与面料决定了裤子的舒适感。

设/计/思/路

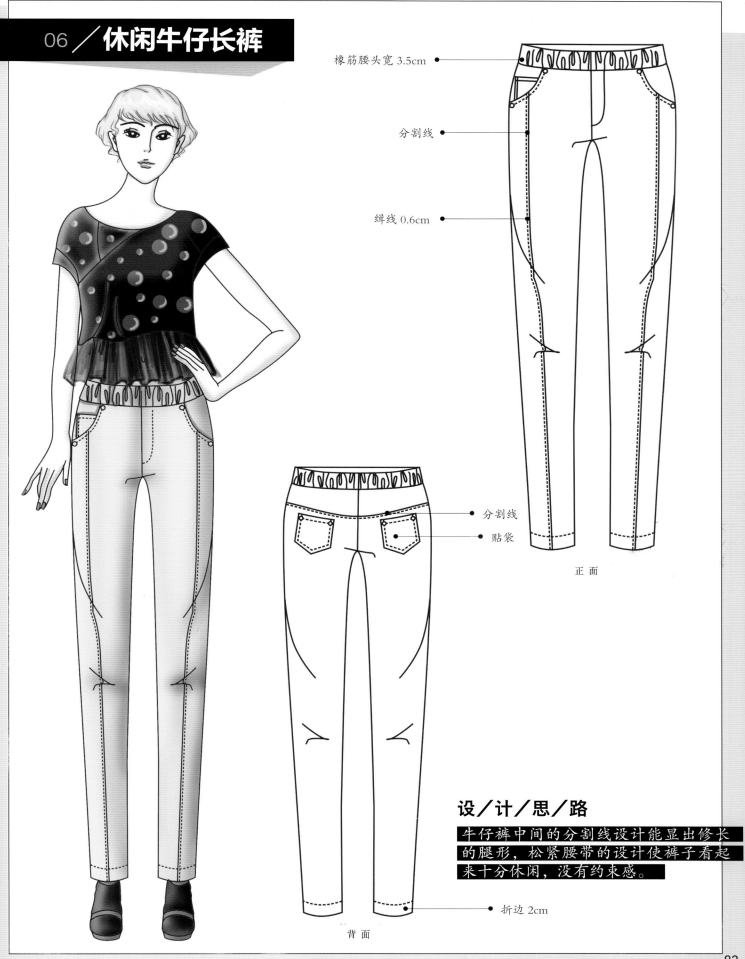

橡筋腰头宽 3.5cm

分割线

缉线 0.6cm

分割线

贴袋

正面

折边 2cm

背面

设／计／思／路

牛仔裤中间的分割线设计能显出修长的腿形，松紧腰带的设计使裤子看起来十分休闲，没有约束感。

07／高腰休闲长裤

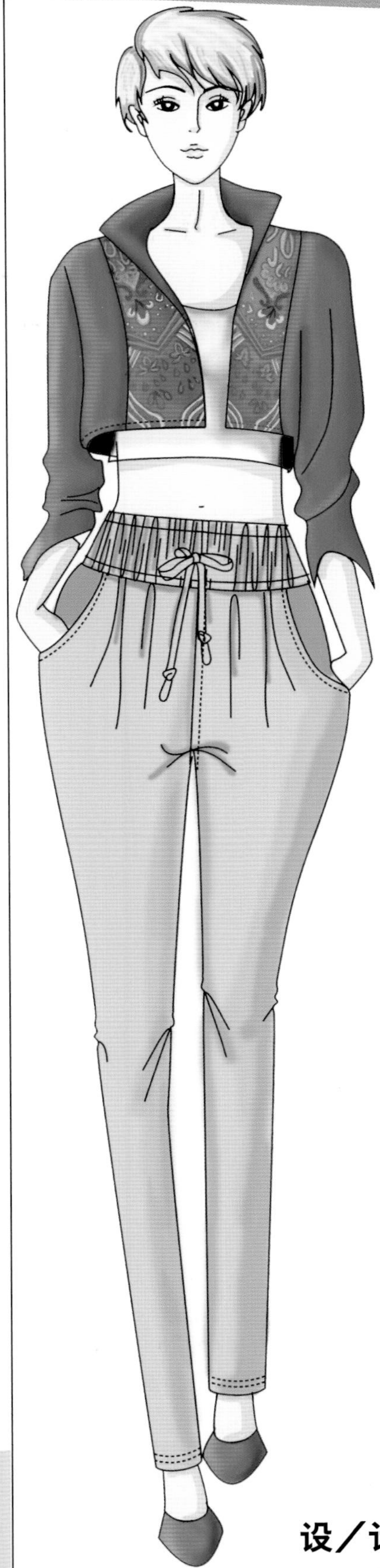

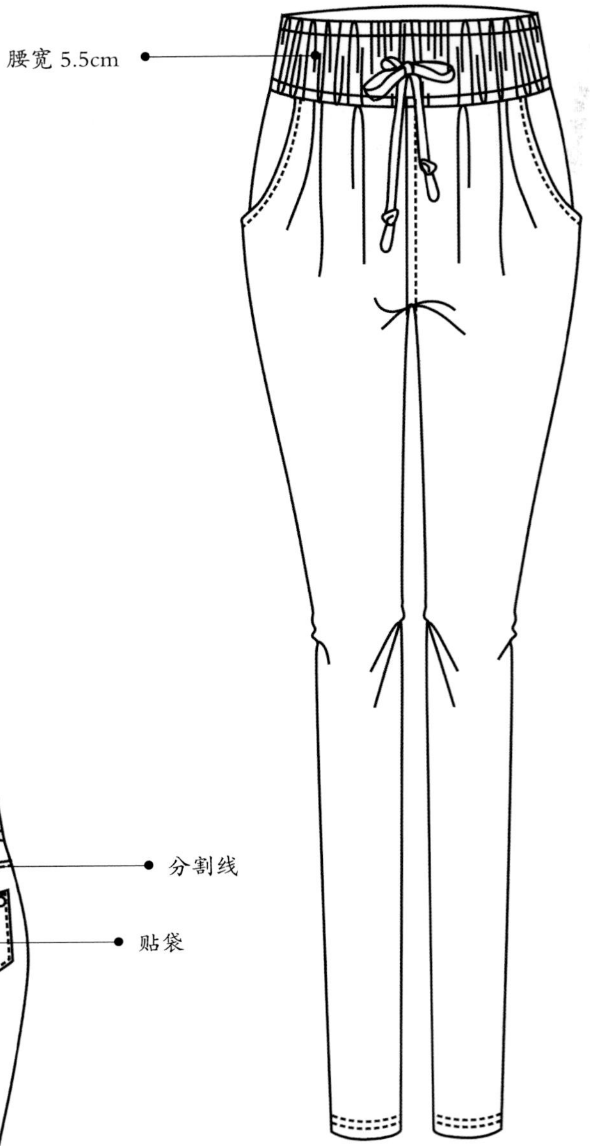
腰宽 5.5cm

正 面

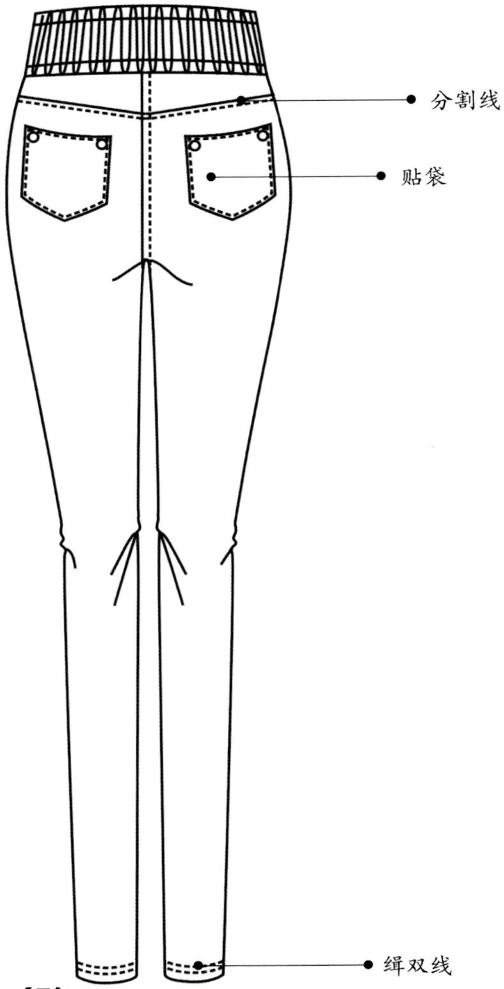
分割线
贴袋
缉双线

背 面

设／计／思／路

前腰系绳给人休闲、舒适、随意的感觉。

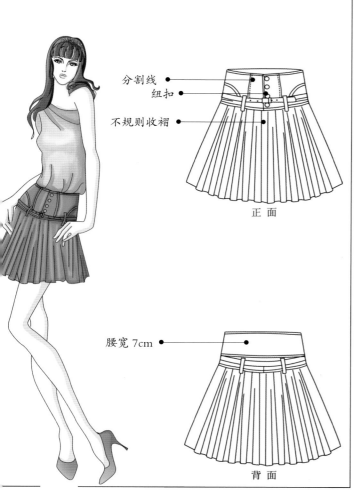

分割线
纽扣
不规则收褶

正面

腰宽 7cm

背面

牛仔定位褶短裙加上红色小皮带做装饰，扇形褶给人以活泼可爱的感觉。

设／计／思／路

分割线和面料的拼接使得牛仔裤在视觉上呈现出修长的铅笔裤造型。

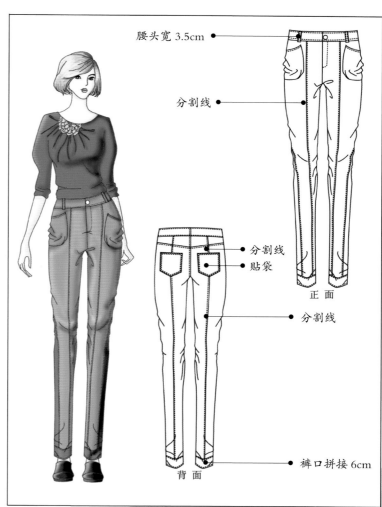

腰头宽 3.5cm

分割线

分割线
贴袋

正面

分割线

裤口拼接 6cm

背面

09／前分割线铅笔牛仔裤

85

纽扣
月牙袋

分割缝

正面

贴袋

背面

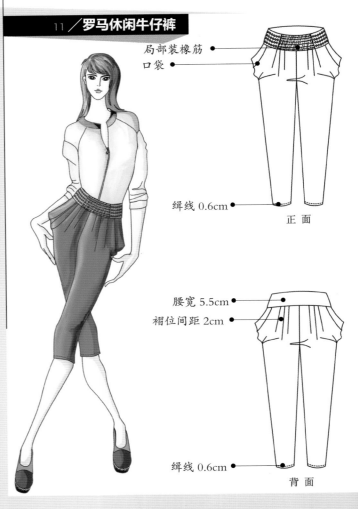

局部装橡筋
口袋

缉线 0.6cm

正面

腰宽 5.5cm
褶位间距 2cm

缉线 0.6cm

背面

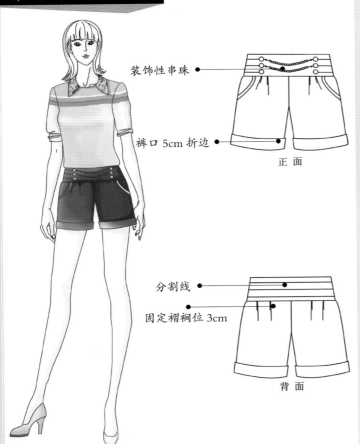

装饰性串珠

裤口 5cm 折边

正面

分割线

固定褶裥位 3cm

背面

黑色的牛仔长裤能突显腿型的修长，搭配宽松的上衣显得格外干练。

裤子设计的重点在于口袋处下垂的罗马纹。

腰间使用串珠装饰，口袋边上使用其他面料包边，不会显得过于暗淡。

设/计/思/路

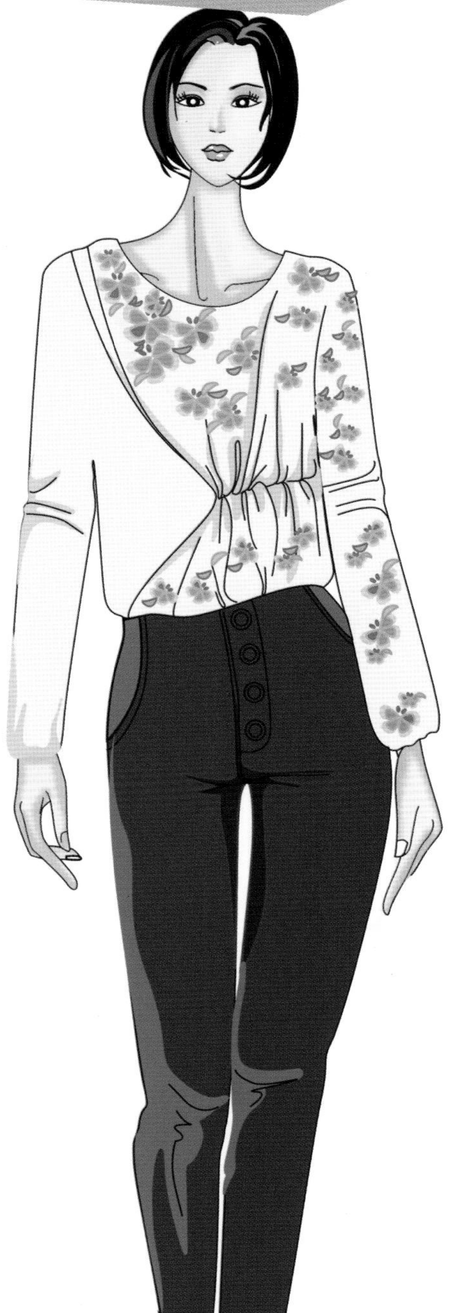

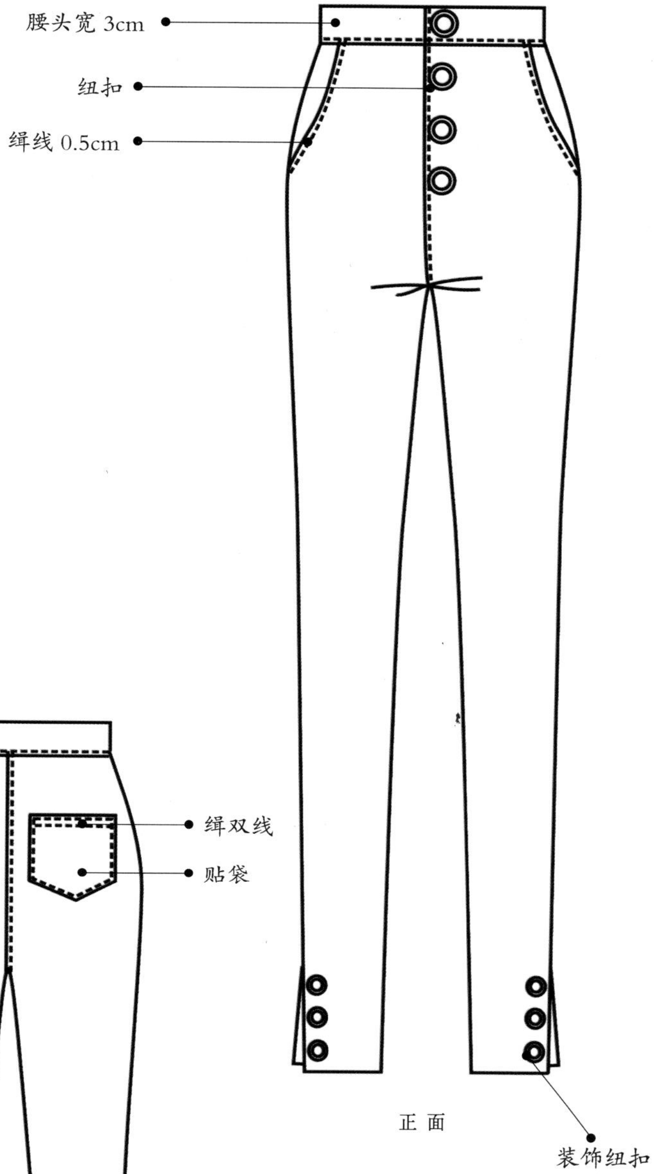

腰头宽 3cm

纽扣

缉线 0.5cm

缉双线

贴袋

正面

装饰纽扣

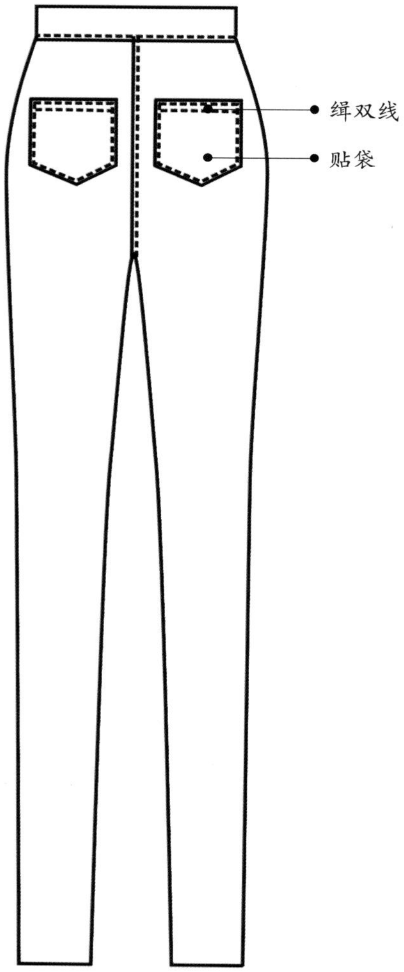

背面

设／计／思／路

经典的黑色长款牛仔裤，加上门襟上
四颗扣子的装饰，显得十分干净利落。

14／牛仔宽松短裙

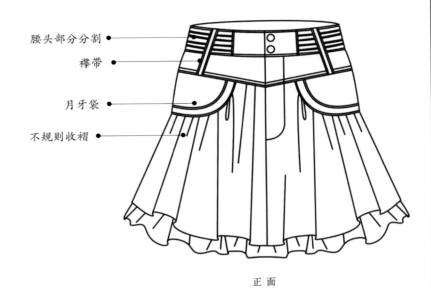

腰头部分分割

襻带

月牙袋

不规则收褶

正 面

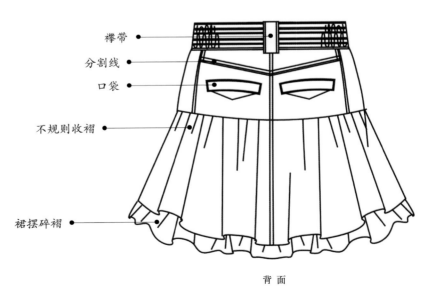

襻带

分割线

口袋

不规则收褶

裙摆碎褶

背 面

设／计／思／路

腰间多层襻带装饰的双层牛仔短裙酷劲十足。

15／宽松短裙

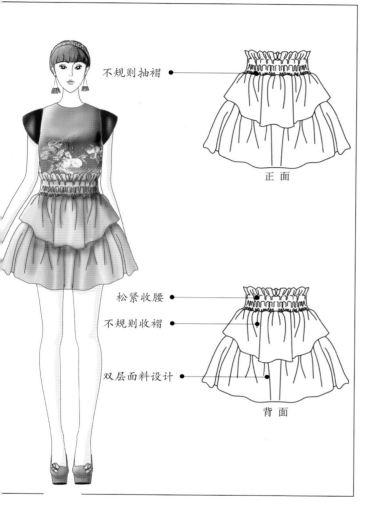

不规则抽褶 ●

正面

松紧收腰 ●
不规则收褶 ●

双层面料设计 ●

背面

设／计／思／路

这款牛仔裙的面料采用如同雪花水印一般的图案，让原本有些厚重的牛仔裙多了一些迷人的元素。

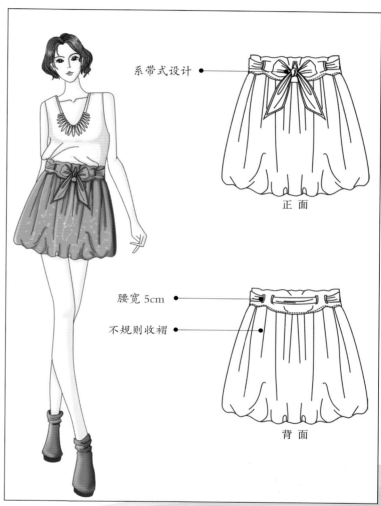

系带式设计 ●

正面

腰宽5cm ●

不规则收褶 ●

背面

设／计／思／路

如同花一样绽开的双层牛仔短裙，是以褶皱为主的休闲款式，并没有过多的装饰和分割，简单利落。

16／甜美牛仔小短裙

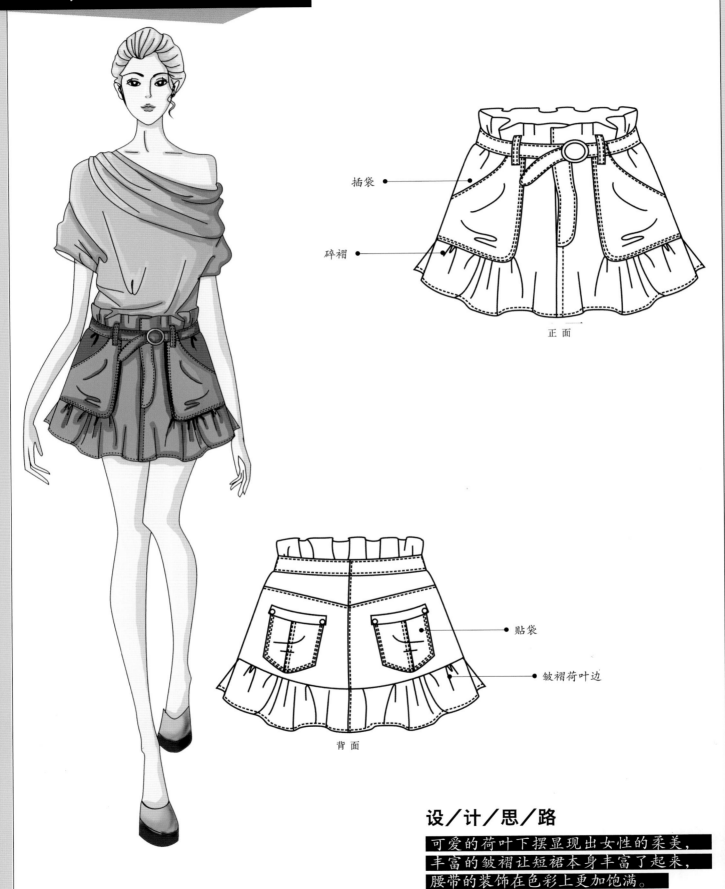

插袋

碎褶

正面

贴袋

皱褶荷叶边

背面

设／计／思／路

可爱的荷叶下摆显现出女性的柔美，
丰富的皱褶让短裙本身丰富了起来，
腰带的装饰在色彩上更加饱满。

第三节 牛仔面料韩式春夏女装连体装设计

01／牛仔"V"字领连身裤

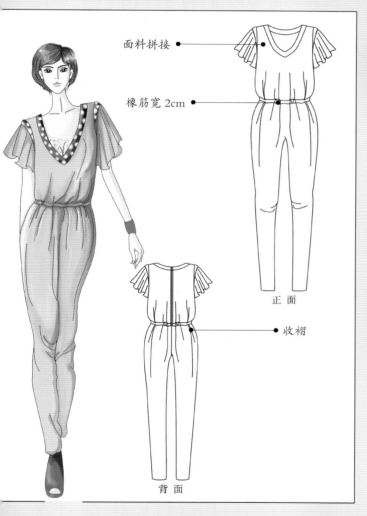

面料拼接

橡筋宽2cm

正面

收褶

背面

设／计／思／路

腰部橡筋抽褶彰显女性纤细的腰型，镶边的袖口和前肩收褶给人以休闲、活泼的主题含义。

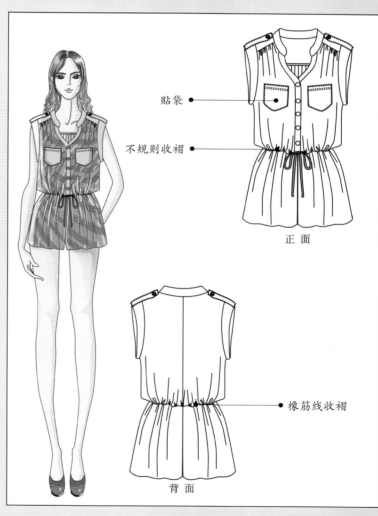

贴袋

不规则收褶

正面

橡筋线收褶

背面

设／计／思／路

利用不同面料的组合设计，将原本有点单调的牛仔连体裤变得生动起来。

02／条纹牛仔连体裤

拼接面料 ●
蕾丝花边 ●

省道 ●

不规则收褶 ●

正 面

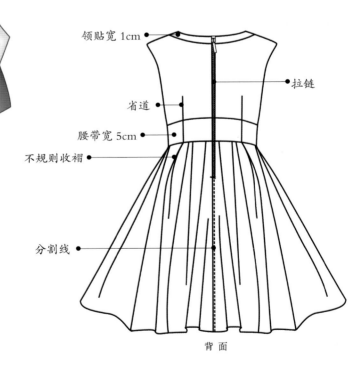

领贴宽 1cm ●

● 拉链

省道 ●

腰带宽 5cm ●

不规则收褶 ●

分割线 ●

背 面

设／计／思／路

大圆摆的设计不仅在视觉上非常抢眼，而且能使牛
仔面料显现出几丝温柔。

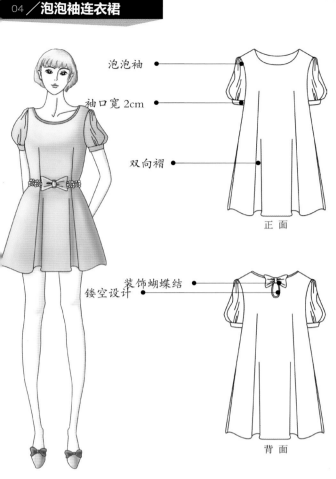

泡泡袖 ●
袖口宽2cm ●
双向褶 ●

正面

装饰蝴蝶结 ●
镂空设计

背面

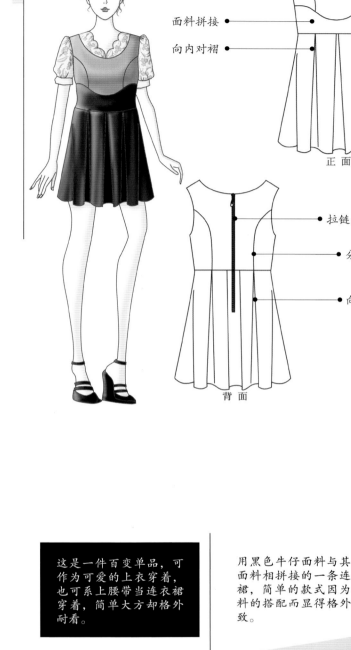

分割线 ●
面料拼接 ●
向内对褶 ●

正面

● 拉链
● 分割线
● 向内对褶

背面

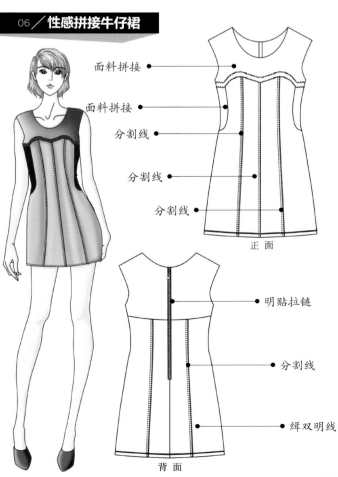

面料拼接 ●
面料拼接 ●
分割线 ●
分割线 ●
分割线 ●

正面

● 明贴拉链
● 分割线
● 缉双明线

背面

这是一件百变单品，可作为可爱的上衣穿着，也可系上腰带当连衣裙穿着，简单大方却格外耐看。

用黑色牛仔面料与其他面料相拼接的一条连衣裙，简单的款式因为面料的搭配而显得格外别致。

这是以黑色网纱与牛仔面料相拼而成的连衣裙，性感而又不失质感，牛仔裙前身的多处分割，使其在腰身曲线处得到很好的诠释。

设／计／思／路

立体褶位

省道

腰带

收褶

省道

正面

背面

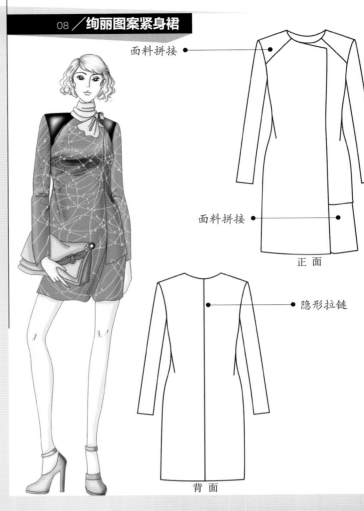

面料拼接

面料拼接

隐形拉链

正面

背面

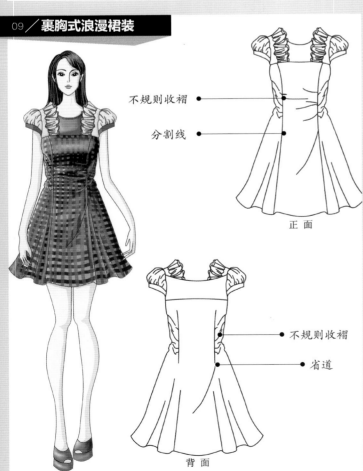

不规则收褶

分割线

正面

不规则收褶

省道

背面

这款连衣裙唯一的细节在于领口处一直蔓延至腰间的立体捏褶，给人视觉上的立体感。

牛仔涂层面料与皮革相结合，前卫的图案设计加上个性的面料拼接让人过目难忘。

这是牛仔面料与其他面料相拼而成的款式，色彩十分艳丽，轮廓造型甜美可人。

设/计/思/路

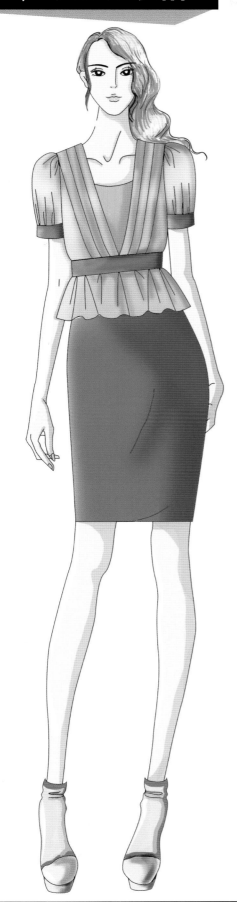

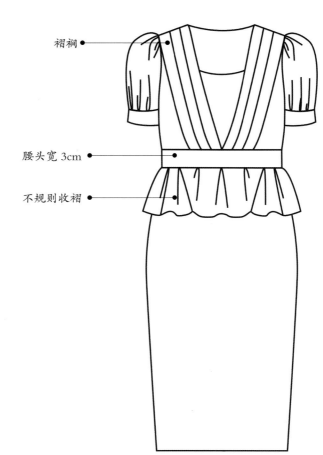

褶裥

腰头宽 3cm

不规则收褶

正 面

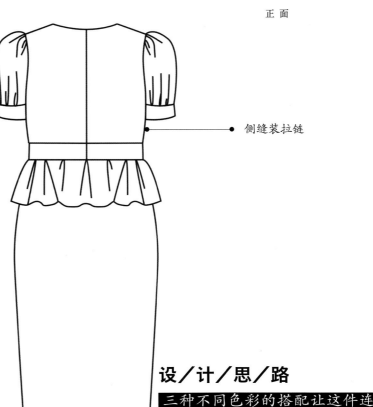

侧缝装拉链

背 面

设／计／思／路

三种不同色彩的搭配让这件连衣裙视觉格外丰富，牛仔面料与梭织面料的组合带来的质感更为突出。

吊带落肩设计

纽扣

袖口收褶

正 面

橡筋带宽 1cm

袖口宽 2cm

背 面

设／计／思／路

以荧光图案的牛仔面料来设计的这款落肩牛仔连衣裙极具表现力。

12／牛仔衬衫裙

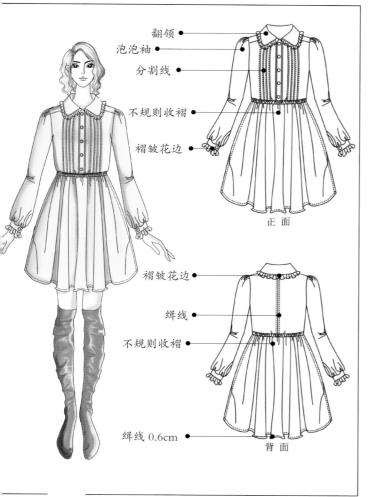

翻领
泡泡袖
分割线
不规则收褶
褶皱花边

正面

褶皱花边
缉线
不规则收褶
缉线 0.6cm

背面

设／计／思／路
使用偏薄的牛仔面料制作的牛仔衬衫裙，形成"A"字形的连衣裙。

设／计／思／路
面料上使用洗白的颜色来体现一种怀旧复古感。

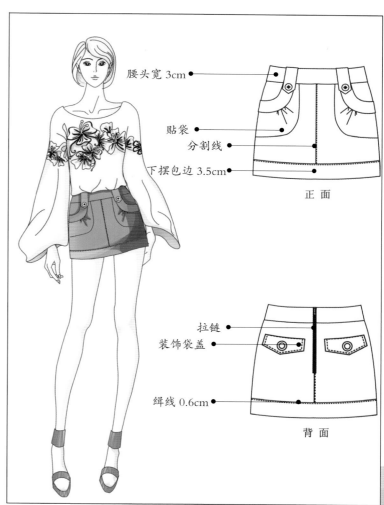

腰头宽 3cm
贴袋
分割线
下摆包边 3.5cm

正面

拉链
装饰袋盖

缉线 0.6cm

背面

13／洗旧牛仔短裙

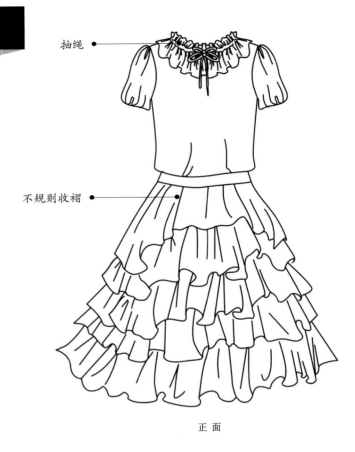

抽绳

不规则收褶

正面

抽绳

不规则收褶

背面

设／计／思／路

带着花纹的牛仔面料与针织面料相拼接，多层的荷叶花边使得本来有些硬朗的牛仔布看起来格外柔和，平添女性气息。

第六章 韩式秋冬女装设计

韩式秋冬女装具有以下三个构成要素：

1. 设计风格
韩式秋冬装看上去简洁、大方，且线条感特别明显，衣服整体穿着效果好。

2. 色彩丰富
韩式秋冬装色彩多以明媚可爱的颜色为主线，营造一种甜美可爱的女生气息。通过丰富的色彩组合搭配设计，呈现宽松、休闲、时尚、百搭的特点，让女性更有"女人味"。

3. 局部特色
韩式秋冬装的局部充满细节。如衣袖和前中纽扣的排列体现出不同的气质和特点，夸张的"V"字领口营造出女生温柔和甜美，混式的百搭穿法是时下最流行的搭配，营造出韩式女装的多样化特点。

第一节 梭织面料韩式秋冬女装设计

　　梭织面料在服装中的使用无论在品种上还是在生产数量上都处于领先地位。梭织女装因其款式、工艺、风格等因素的差异在加工流程及工艺手段上有很大的区别。韩式秋冬女装在传统与经典中已经融入时尚元素，穿着舒适、大气而又不失典雅，选料考究，细节精致，深受消费者的喜爱。

01／钉珠奢华大衣

平领
装饰图案
装饰图案
花边
口袋

正面

缉线 0.2cm

拼接撞色面料

背面

设／计／思／路

运用浪漫的花边装饰点缀，搭配上单一的浅咖色的面料，并不会显得过于花哨，反而在浪漫中多了份素雅。

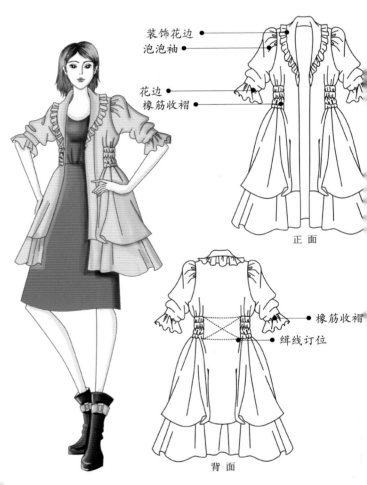

装饰花边
泡泡袖

花边
橡筋收褶

正面

橡筋收褶
缉线订位

背面

设／计／思／路

柠檬黄的大衣上点缀着各色图案和装饰珠片，艳丽色彩的撞色给人带来一场视觉上的盛宴。

02／浪漫秋装大衣

03／粉色休闲大衣

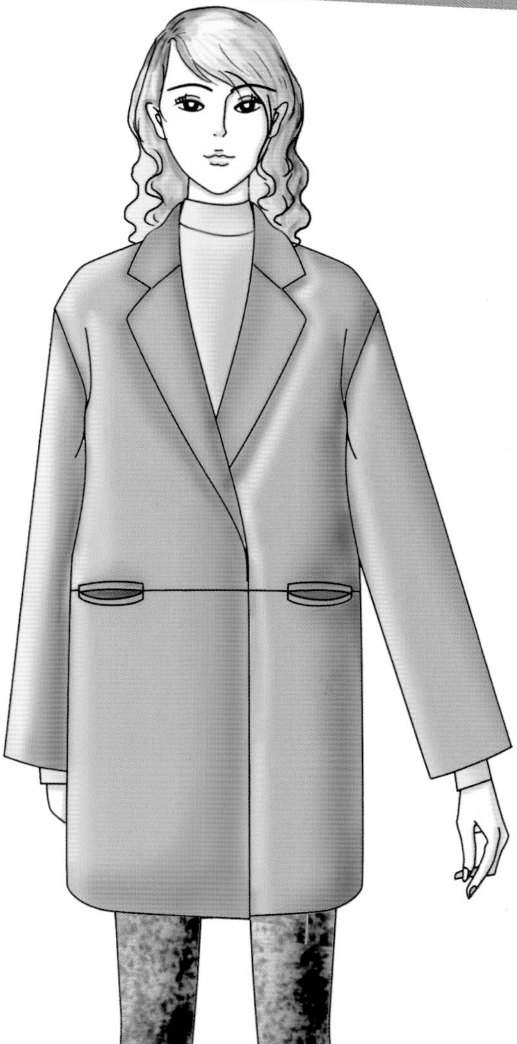

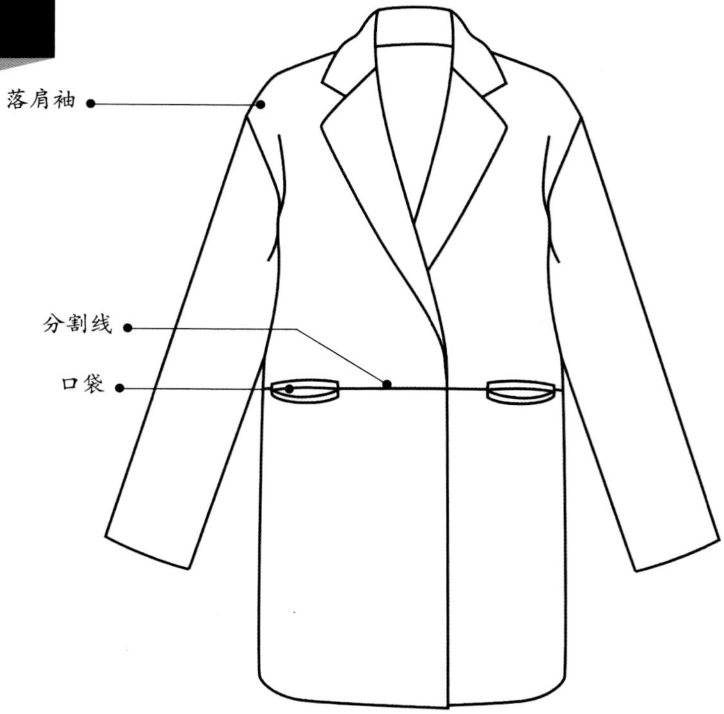
落肩袖
分割线
口袋

正面

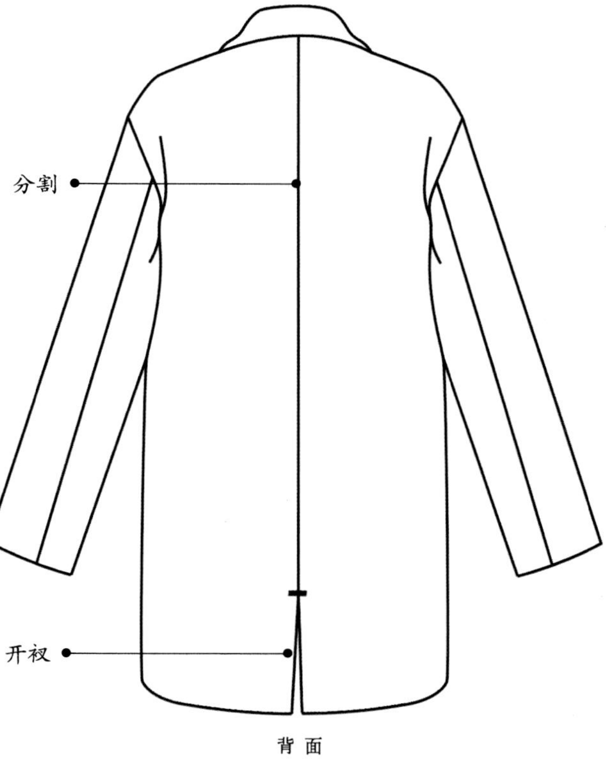
分割
开衩

背面

设／计／思／路

简单分割的造型尽显大气，粉色面料的搭配使其增添些许浪漫的气氛。

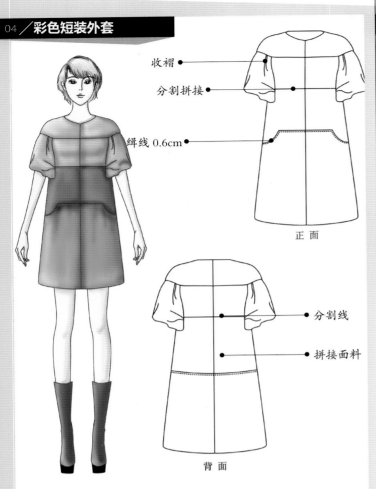

收褶

分割拼接

缉线 0.6cm

分割线

拼接面料

正面

背面

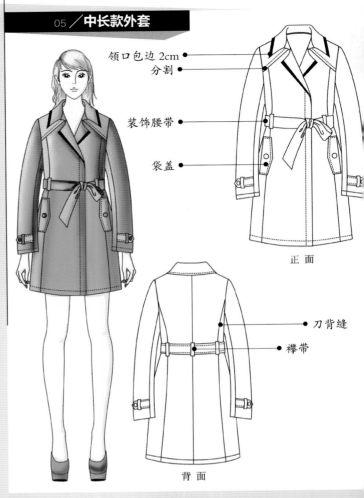

领口包边 2cm

分割

装饰腰带

袋盖

刀背缝

襻带

正面

背面

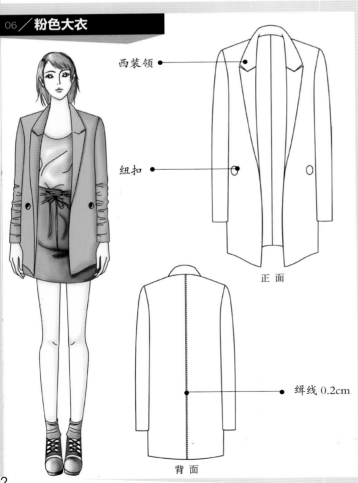

西装领

纽扣

缉线 0.2cm

正面

背面

精致简洁的板型设计勾绘出款式轮廓特点，三层色彩的搭配，使整个造型干净大方中尽显时尚。

领口包边、分割线处理等局部设计细节，精致的板型体现身材曲线比例，让冬日里也不显臃肿。

以西服为原型设计的这款大衣，在保留了西服整体结构的基础上以加长的方式来设计，使用粉色面料来柔化略显强硬的整个曲线。

设／计／思／路

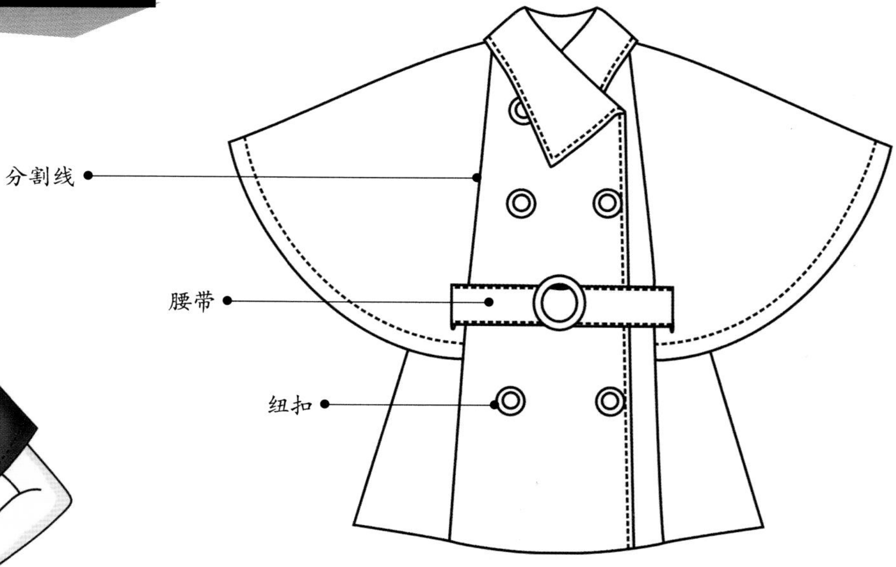

分割线 ●

腰带 ●

纽扣 ●

正 面

蝙蝠袖 ●

分割线 ●

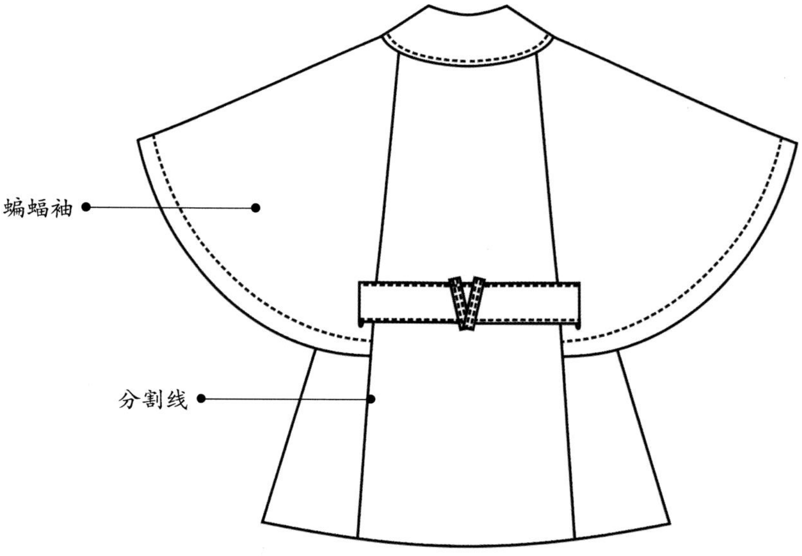

背 面

设／计／思／路

暗红色的面料与金属感的纽扣相碰撞，
给人一种奢华的质感，夸张的蝙蝠袖
休闲而又时尚。

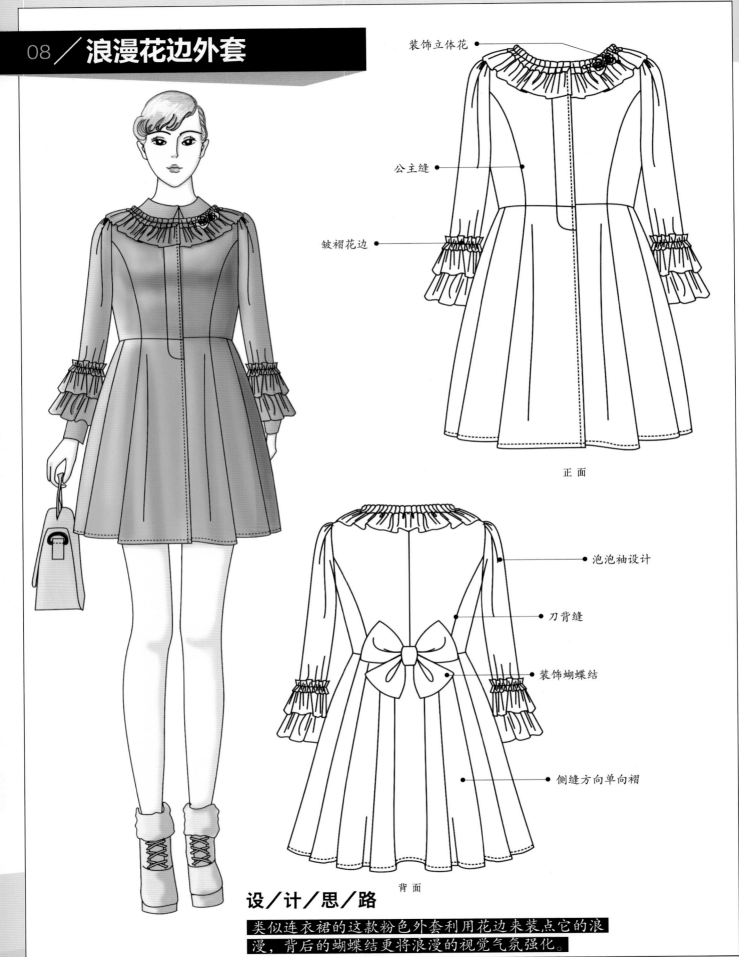

装饰立体花

公主缝

皱褶花边

正 面

泡泡袖设计

刀背缝

装饰蝴蝶结

侧缝方向单向褶

背 面

设／计／思／路

类似连衣裙的这款粉色外套利用花边来装点它的浪
漫，背后的蝴蝶结更将浪漫的视觉气氛强化。

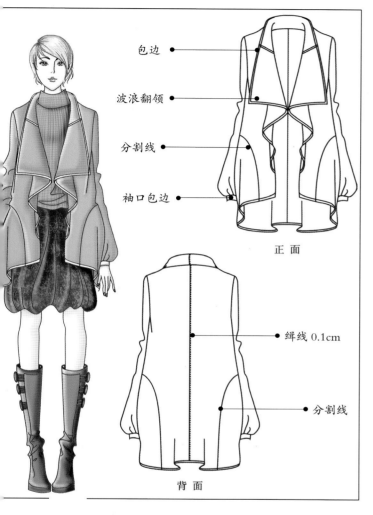

包边

波浪翻领

分割线

袖口包边

正面

缉线 0.1cm

分割线

背面

设／计／思／路

敞开式的领子设计，简单又带有流动感，整体休闲的款式大气时尚，粉色的装点又多了些女性的柔美。

设／计／思／路

帅气的夹克款式在领口和腰带处采用罗纹布来加重质感，下摆的两层花边则加重了层次感，显得帅气而又细致。

罗纹面料

口袋

纽扣

皱褶花边

正面

收褶

皱褶花边

背面

10／**紫色夹克外套**

翻领
双排纽扣
分割拼接
装饰片

正面

后育克
分割线
袖口宽 8cm

背面

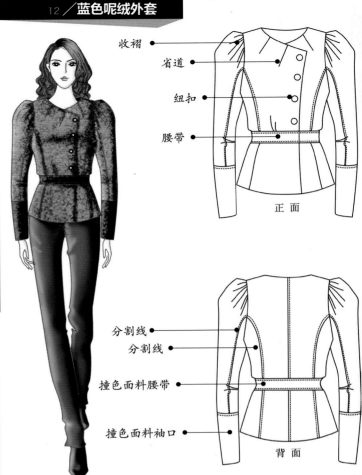

收褶
省道
纽扣
腰带

正面

分割线
分割线
撞色面料腰带
撞色面料袖口

背面

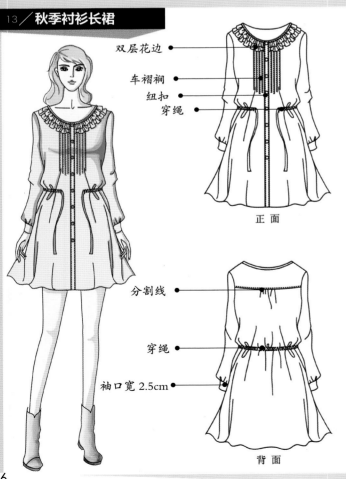

双层花边
车褶裥
纽扣
穿绳

正面

分割线
穿绳
袖口宽 2.5cm

背面

帅气的双排扣装饰，搭配上下装两层式蓬摆倍显可爱，但是裙装在轮廓上给人感觉简练，整体造型帅气又甜美。

略显夸张的外形轮廓在视觉上给人强烈的冲击，深蓝色的呢绒布与黑色面料搭配显得帅气时尚。

以衬衫为原型改板设计的这一款秋季休闲衬衫长裙，利用领口边的花边给人营造出一种浪漫的感觉，腰间可调整的抽绳强调了本款的休闲感。

设／计／思／路

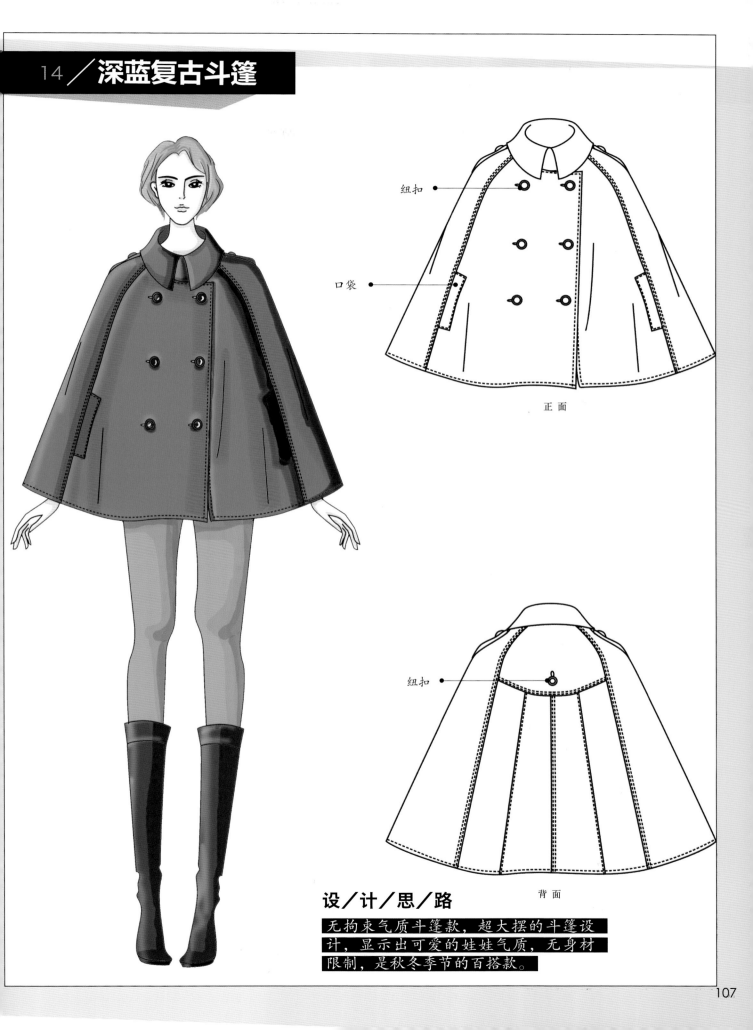

纽扣 ●————

口袋 ●————

正 面

纽扣 ●————

背 面

设／计／思／路

无拘束气质斗篷款，超大摆的斗篷设
计，显示出可爱的娃娃气质，无身材
限制，是秋冬季节的百搭款。

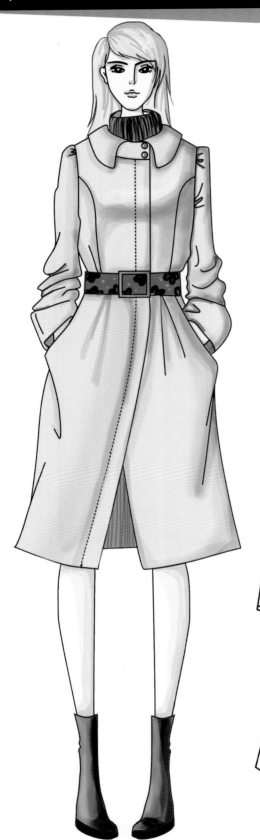

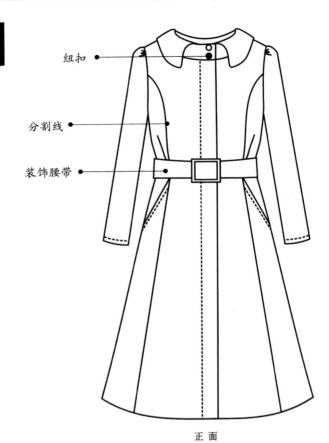

纽扣

分割线

装饰腰带

正 面

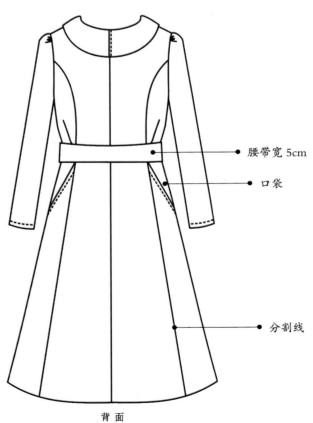

腰带宽 5cm

口袋

分割线

背面

设／计／思／路

简单大方的风衣，线条明了，造型贴体，利用肉色的面料和腰间花色面料来点缀，显得格外干练大气。

16／双层拼接大衣

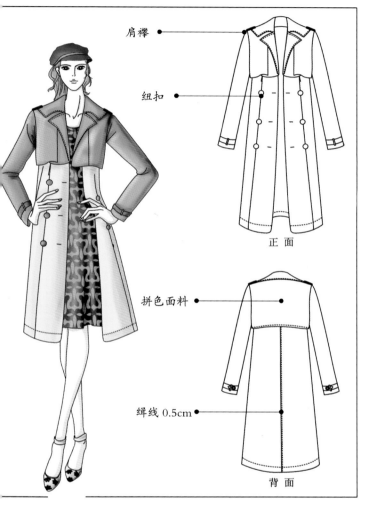

肩襻
纽扣
拼色面料
缉线 0.5cm

正面
背面

设／计／思／路

双层长款风衣，利用上身收短的效果来达到视觉上的拉长，面料上不同色彩的搭配让人以为是两件衣服，整个款式既帅气又时尚。

设／计／思／路

西服给人的感觉大多时候都是比较严肃和硬朗的，这款西服在面料设计上改用两种色彩设计拼凑而成，在视觉效果上给人不一样的感觉。

分割线
纽扣
袋盖
拼接面料
后中开衩

正面
背面

17／拼色西装

收褶
镶边
分割线
腰带

正 面

分割线
腰带
收褶

背 面

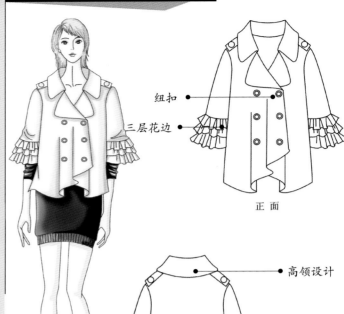

纽扣
三层花边

正 面

高领设计

背 面

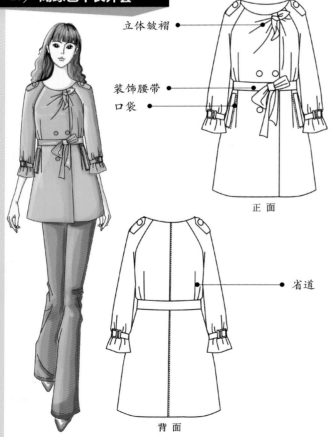

立体皱褶

装饰腰带
口袋

正 面

省道

背 面

以夸张明度的柠檬黄面料设计的这款大衣，在板型上采用了十分贴体收身的形式来体现女性的柔美，以达到视觉上和穿着上都完美的状态。

略有些夸张的板型加上袖口处三层花边装饰形成了视觉上独一无二的美感。

无领抽象板型，领口处运用门襟打结以显示板型工艺的精致和独特性。

设／计／思／路

21／拼色双排扣外套

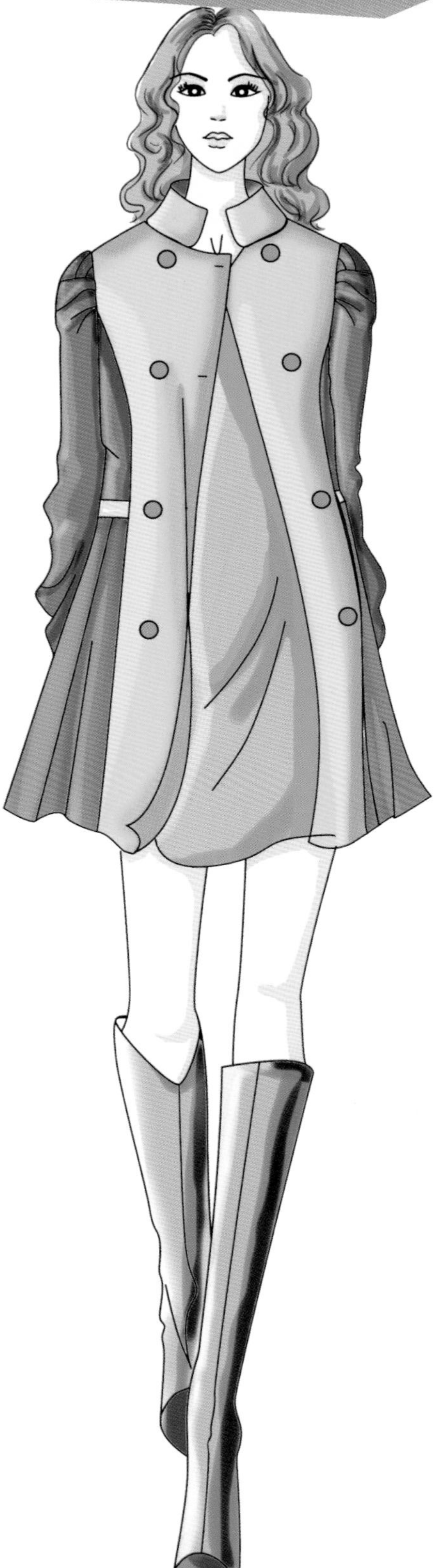

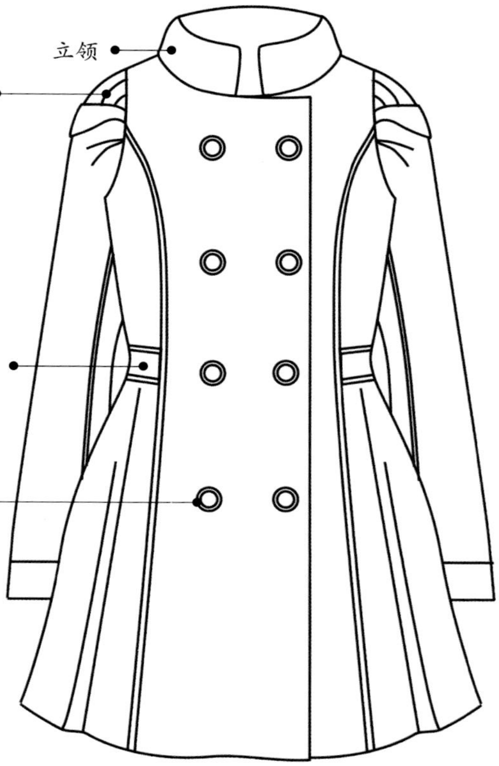
立领
立体皱褶
拼接腰带
纽扣

正面

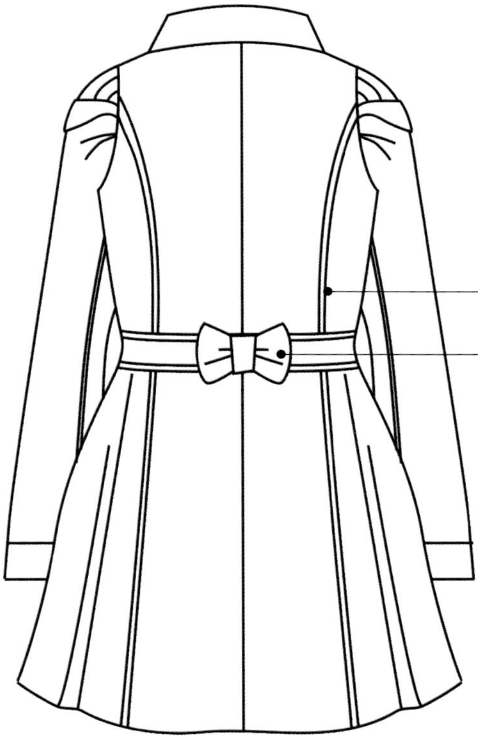
分割线
装饰蝴蝶结

背面

设／计／思／路

以两种色彩拼接而成的这件外套，利用袖头皱褶、双排扣、装饰蝴蝶结等元素，加以拼色的手法使得款式得以突破创新。

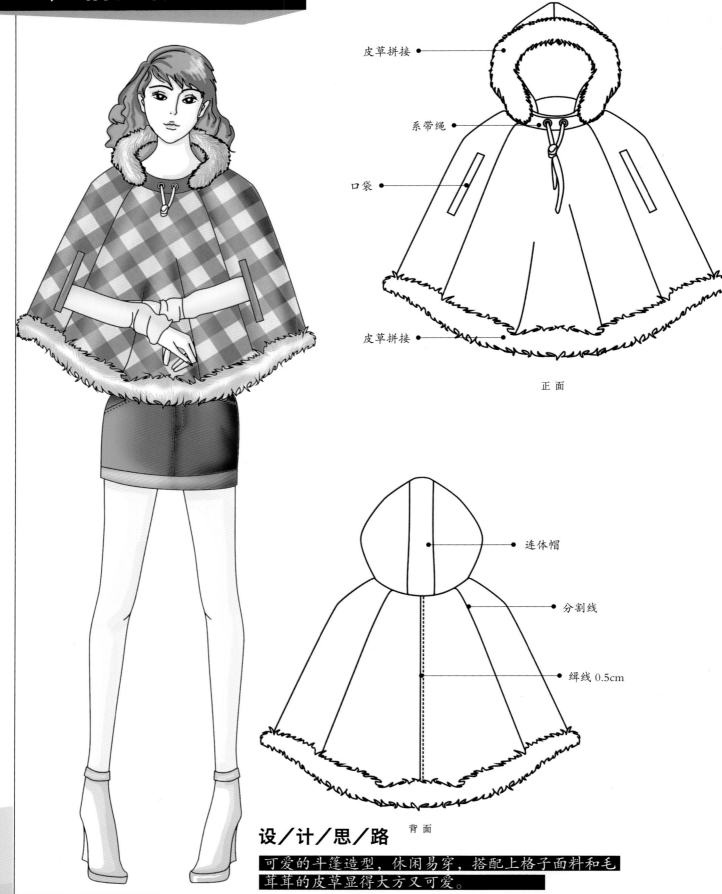

皮草拼接

系带绳

口袋

皮草拼接

正面

连体帽

分割线

缉线 0.5cm

背面

设／计／思／路

可爱的斗篷造型，休闲易穿，搭配上格子面料和毛茸茸的皮草显得大方又可爱。

缉双线

收褶

纽扣

正面

连体帽

缉双线

背面

设／计／思／路

时尚的板型设计，使得风衣如同一件浪漫的连衣裙，双层叠领十分有层次感，玫瑰红的面料搭配更显青春浪漫。

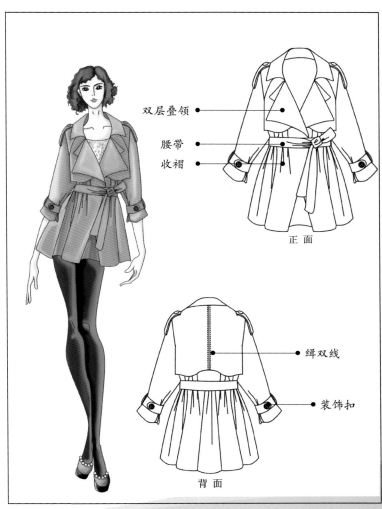

双层叠领

腰带

收褶

正面

缉双线

装饰扣

背面

设／计／思／路

简洁的板型加上花朵图案的面料搭配，形成十分甜美乖巧的感觉。

113

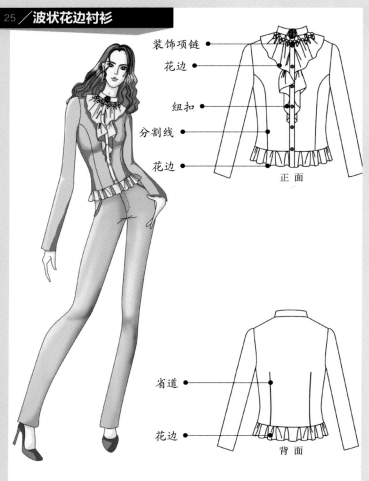

装饰项链
花边
纽扣
分割线
花边

正面

省道

花边

背面

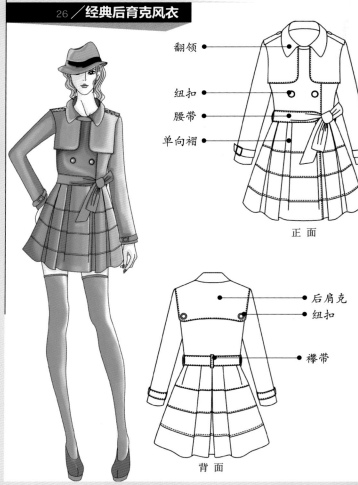

翻领
纽扣
腰带
单向褶

正面

后肩克
纽扣

襻带

背面

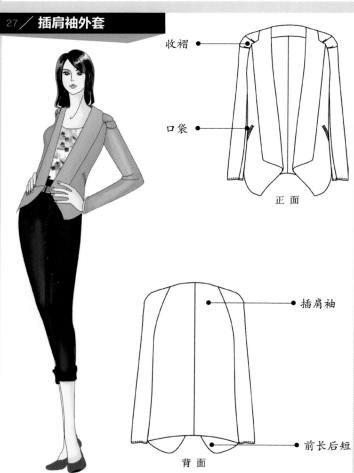

收褶

口袋

正面

插肩袖

前长后短

背面

长袖的衬衫款式加上花边项链等装饰来体现浪漫的感觉。而紫色面料的搭配在视觉上给人华丽的感觉。

裙子下摆的分割线在视觉上层次分明，整体着装体现了时尚、新潮。

插肩袖结构设计，袖子的褶皱加上粉红色面料搭配，整体感觉时尚柔美。

设／计／思／路

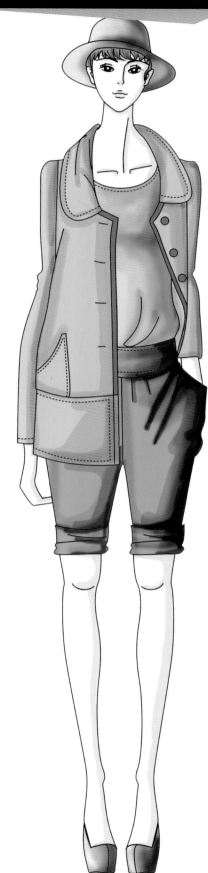

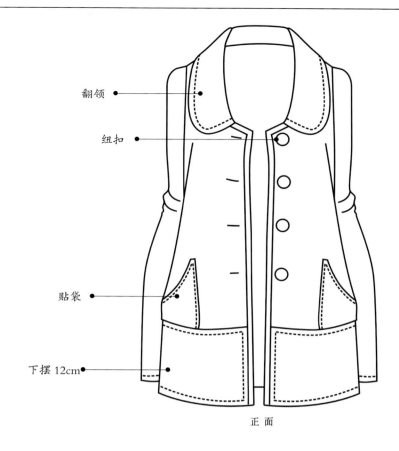

翻领 ●

纽扣 ●

贴袋 ●

下摆 12cm ●

正面

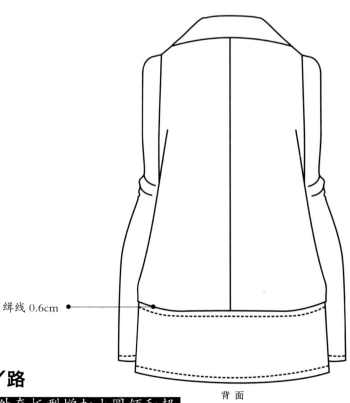

缉线 0.6cm ●

背面

设／计／思／路

休闲的中长款外套板型增加小圆领和超宽的下摆，粉色面料营造浪漫休闲感。

分割线

纽扣

贴袋

双向褶

正面

分割线

纽扣

双向褶

设／计／思／路

背面

紧身塑型的外形轮廓，胸口圆形分割打造工艺轮廓感。蓝色的面料给人文静雅致的视觉效果。

折叠领

收褶

纽扣

正 面

缉线 0.2cm

腰带

背 面

采用分割体现款式的修身效果,加上双排扣的装饰和腰间皮革的点缀,显现出干练成熟的味道。

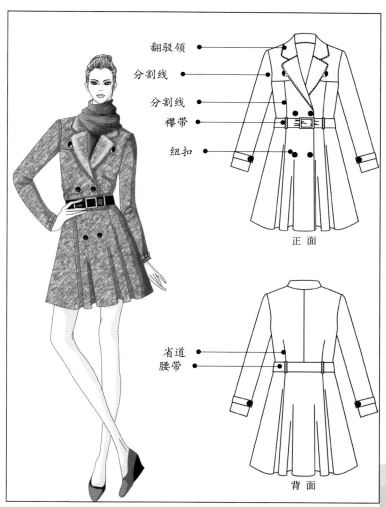

翻驳领

分割线

分割线

襻带

纽扣

正 面

省道
腰带

背 面

拼接面料的连肩装饰波浪领斜至腰间,与拼接在腰部的腰带面料呼应,从而形成强有力的视觉效果。

- 褶裥
- 腰带
- 口袋
- 不对称下摆

正面

- 褶裥
- 省道

背面

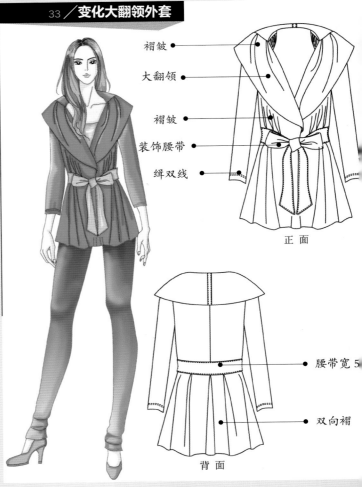

- 褶皱
- 大翻领
- 褶皱
- 装饰腰带
- 缉双线

正面

- 腰带宽5
- 双向褶

背面

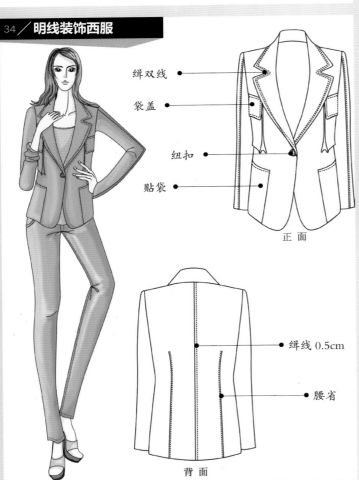

- 缉双线
- 袋盖
- 纽扣
- 贴袋

正面

- 缉线 0.5cm
- 腰省

背面

以夸张分割拼接等元素打造的这款大衣，采用丰富的深红色色调面料，在带来未来时尚感的同时也凸显细微的纹理质感。

以大翻领的新式设计创造出略为夸张的轮廓效果，搭配上红色的面料，让款式更加出众，吸引目光。

这是一款以明线装饰来设计的女西装，在面料上到处可见明线的车缝，个性创新，衣服上下口袋的设计显现出时尚感。

设／计／思／路

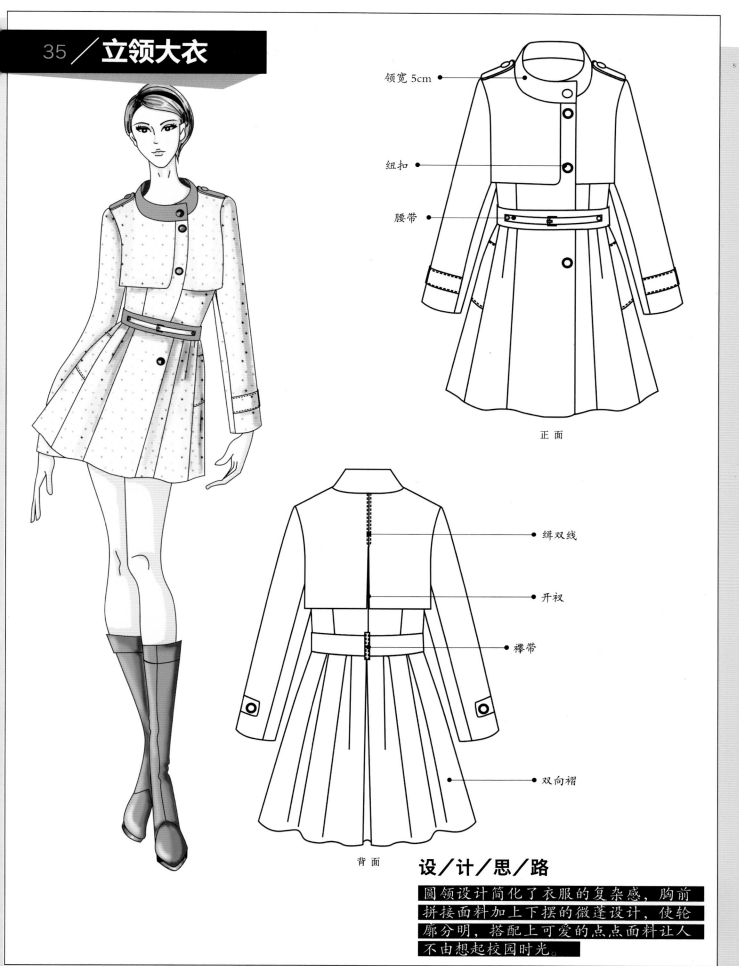

领宽 5cm

纽扣

腰带

正面

缉双线

开衩

襻带

双向褶

背面

设/计/思/路

圆领设计简化了衣服的复杂感，胸前拼接面料加上下摆的微蓬设计，使轮廓分明，搭配上可爱的点点面料让人不由想起校园时光。

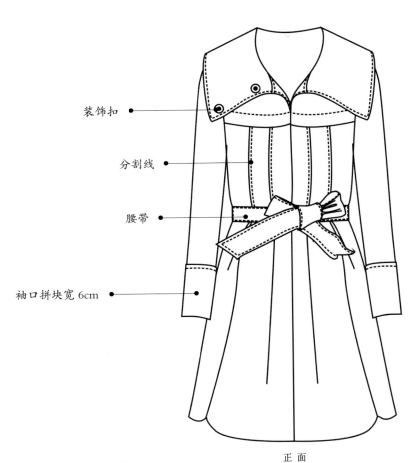

装饰扣

分割线

腰带

袖口拼块宽6cm

正面

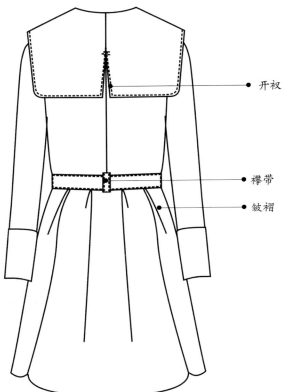

开衩

襻带

皱褶

背面

设／计／思／路

直线形的皱褶为款式增添了立体感，两种面料的巧
妙搭配打破了原有的规范感，使款式变得有趣起来。

收褶
分割线
纽扣
袋盖
分割线

正面

花色面料

分割线

背面

设／计／思／路

以格子面料来设计的这款大衣，耸肩的设计显现帅气风格，双排扣与皱褶下摆显现浪漫。

纽扣
分割线
分割线

正面

缉线 0.2cm
分割线
收褶

背面

设／计／思／路

以花色面料来设计的这件西服，采用了多道分割线来展示曲线美，在轮廓上显得分外精致美丽。

蕾丝面料
拉链
纽扣

正面

后中缝

背面

分割线
拼接面料
袖口缉线1cm

花边

正面

腰带宽5cm

花边

背面

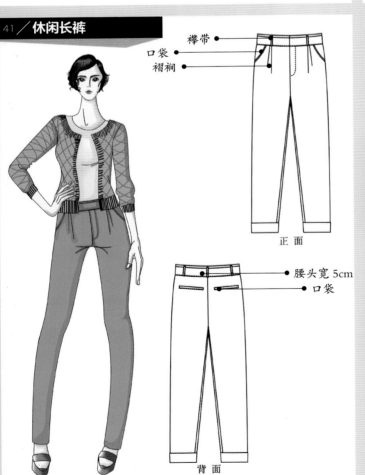

襻带
口袋
褶裥

正面

腰头宽5cm
口袋

背面

夸张休闲的上装搭配收腰效果明显的外形，个性化的轮廓线条、面料与蕾丝的碰撞打造出雅致时尚风潮。

运用结构设计来体现女性曲线，分割拼接的面料在视觉上给人呈现立体感和时尚都市感。

直筒的休闲裤穿着不仅随意休闲，且又不失时尚，是冬日女性搭配着装的首选。

设／计／思／路

　　韩式针织秋冬女装造型独特、款式优雅，上身后妩媚、华贵中稍带点野性，是知性熟女大爱。针织面料具有触感柔软、易染、色泽艳丽、抗菌、不怕虫蛀、耐磨不起球等优良特点。针织女装通常采用同质同色、同质异色、异质异色、多色拼接、绣花、贴花、局部印花等，均可与整体款式、花色相映成趣。

01／短袖花边领针织毛衣

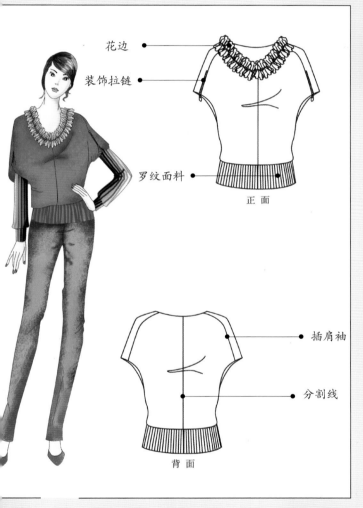

花边
装饰拉链
罗纹面料
正面
插肩袖
分割线
背面

设／计／思／路

小披肩设计在伸长视觉效果的同时显得格外可爱甜美。修身的板型加上下摆处的皱褶，多了几分时尚和精致感。

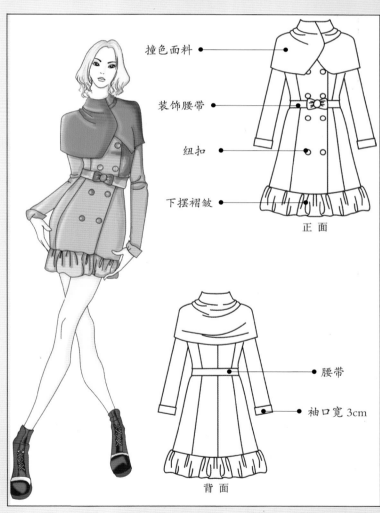

撞色面料
装饰腰带
纽扣
下摆褶皱
正面
腰带
袖口宽3cm
背面

设／计／思／路

以袖上装饰拉链和领口处繁杂的花边为细节设计，这款休闲毛衣在视觉上给人营造出一种简约时尚感。

02／披肩式长款大衣

大 "V" 字领

纽扣

口袋

正 面

缉线 0.2cm

开衩

背 面

设／计／思／路

条纹色图案的针织面料加上休闲的款式搭配，创造出时髦又休闲的百搭秋季外套。

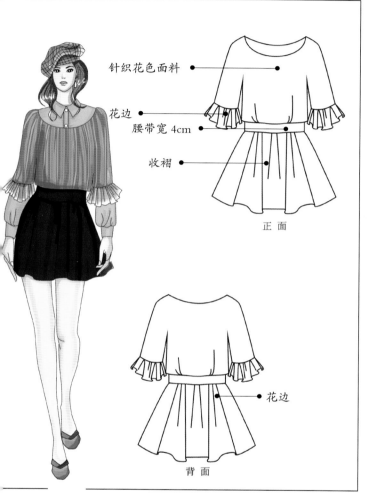

针织花色面料
花边
腰带宽 4cm
收褶

正面

花边

背面

设／计／思／路

往上叠皱的泡泡袖和暗扣缝合的门襟
在造型上显得格外干练大方，长款的
连衣裙造型搭配上深橘色腰带，这是
一款干净利落的连衣裙。

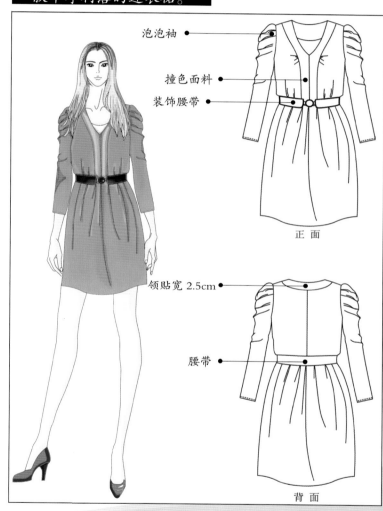

泡泡袖
撞色面料
装饰腰带

正面

领贴宽 2.5cm

腰带

背面

设／计／思／路

运用彩色毛线编织而成的上装，以多层的线条
色彩打造出精致的量感。下半身的连衣裙则没
有过多色彩，从而避免花哨。

蕾丝花边装饰

纽扣

罗纹面料

正面

罗纹面料

背面

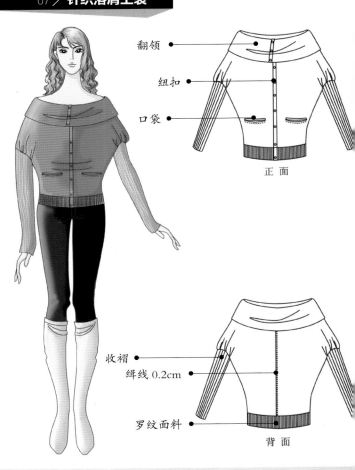

翻领

纽扣

口袋

正面

收褶

缉线 0.2cm

罗纹面料

背面

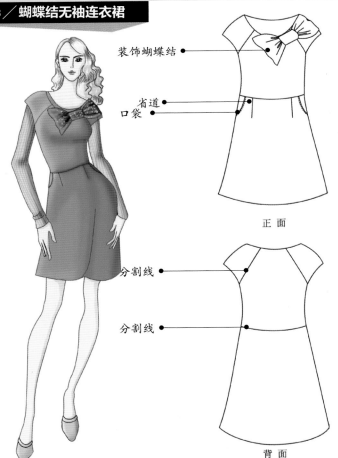

装饰蝴蝶结

省道

口袋

正面

分割线

分割线

背面

用细毛线编织而成的外套上装，在门襟处装饰花边，下摆和袖口处使用罗纹收紧，来达到造型上的轮廓和美感。

落肩设计的款式和大领的处理显得领口格外宽松，下摆和袖口则采用罗纹收紧的效果，显示出夸张的轮廓造型。

利用领口处装饰蝴蝶结打破简单的外观，蓝色的面料在简单的款式搭配下显得简单大方。

设／计／思／路

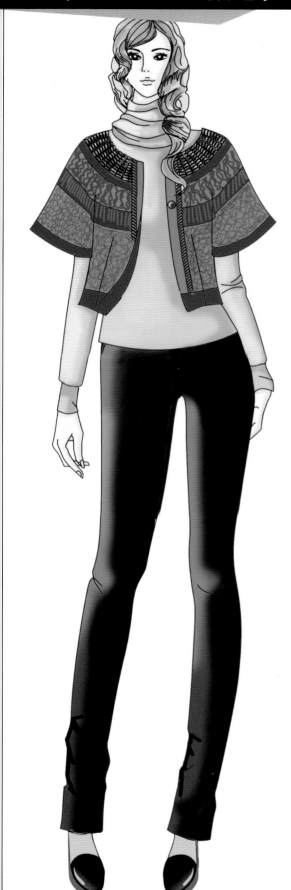

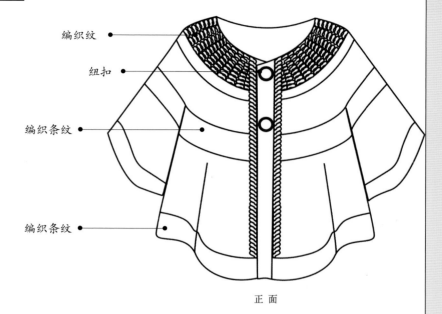

编织纹

纽扣

编织条纹

编织条纹

正 面

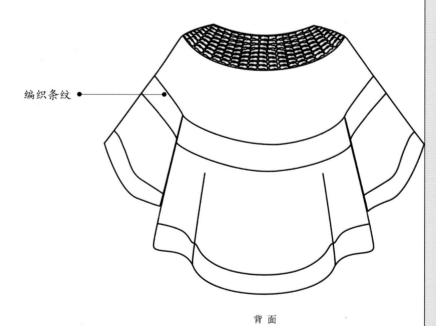

编织条纹

背 面

设／计／思／路

以不同的编织手法制作的这款宽松毛衣，在视觉上拥有精致的层次感。

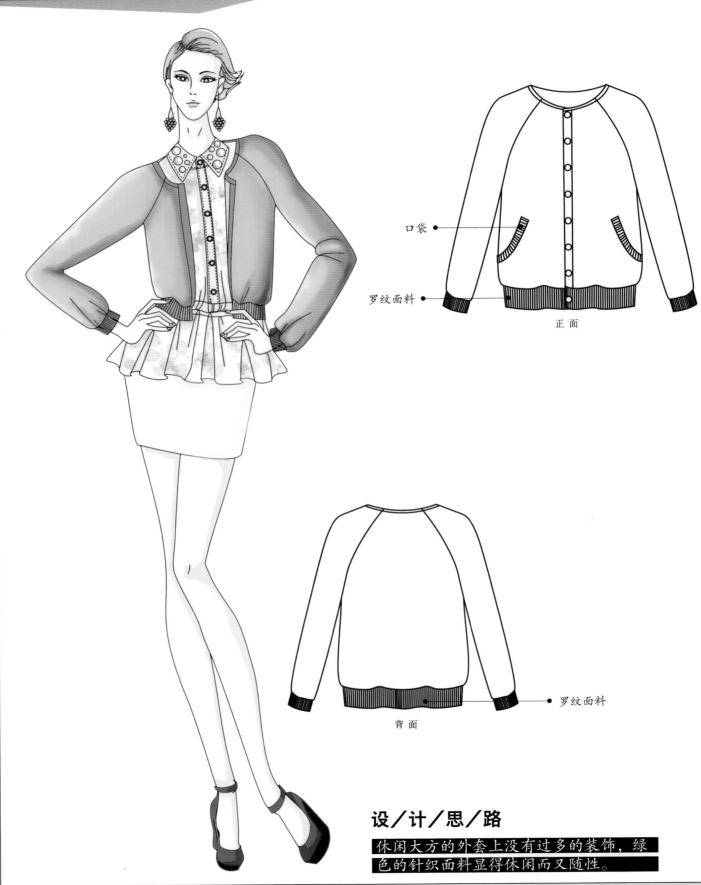

口袋

罗纹面料

正面

罗纹面料

背面

设／计／思／路

休闲大方的外套上没有过多的装饰，绿色的针织面料显得休闲而又随性。

11／蝙蝠袖上衣

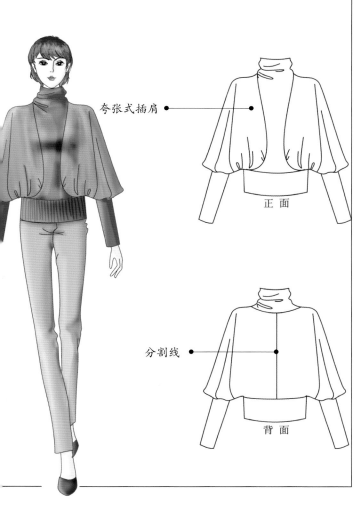

夸张式插肩

正面

分割线

背面

设／计／思／路

夸张的插肩袖设计打造出表现力很强的造型。

设／计／思／路

以编织手法完成的这件毛衣，在领口、下摆和袖口部分使用罗纹，在穿着上以达到最好的保暖效果。

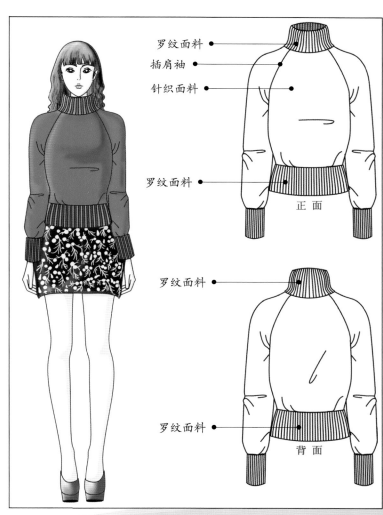

罗纹面料
插肩袖
针织面料

罗纹面料

正面

罗纹面料

罗纹面料

背面

12／大罗纹领毛衣

插肩袖

橡筋抽褶
口袋

缉双线

正 面

连体帽

袖口宽 4cm
口袋

背 面

立领设计

高腰设计

罗纹面料

正 面

罗纹面料

双向褶

背 面

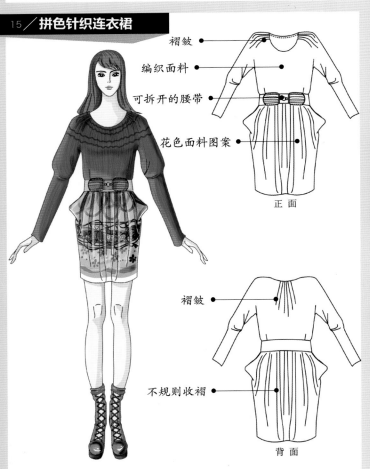

褶皱

编织面料

可拆开的腰带

花色面料图案

正 面

褶皱

不规则收褶

背 面

休闲的卫衣穿着十分舒适轻松。面料图案上则好似将一幅画印在衣服上，重在视觉上的创新。

以不同肌理的针织面料拼接而成。高腰大摆的设计像一条连衣裙一般甜美，袖子则拼接针织面料。

红色针织面料与花色图案面料相拼接在视觉上给人冲击。微蓬袖部与腰间的口袋使得轮廓明显。

设/计/思/路

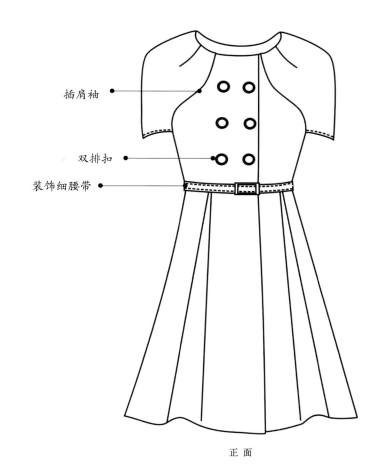

插肩袖

双排扣

装饰细腰带

正 面

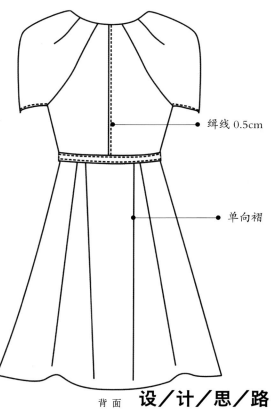

缉线 0.5cm

单向褶

背面

设／计／思／路

将针织布裁成修身插肩短袖，没有过多的分割线和装饰，干净利落。

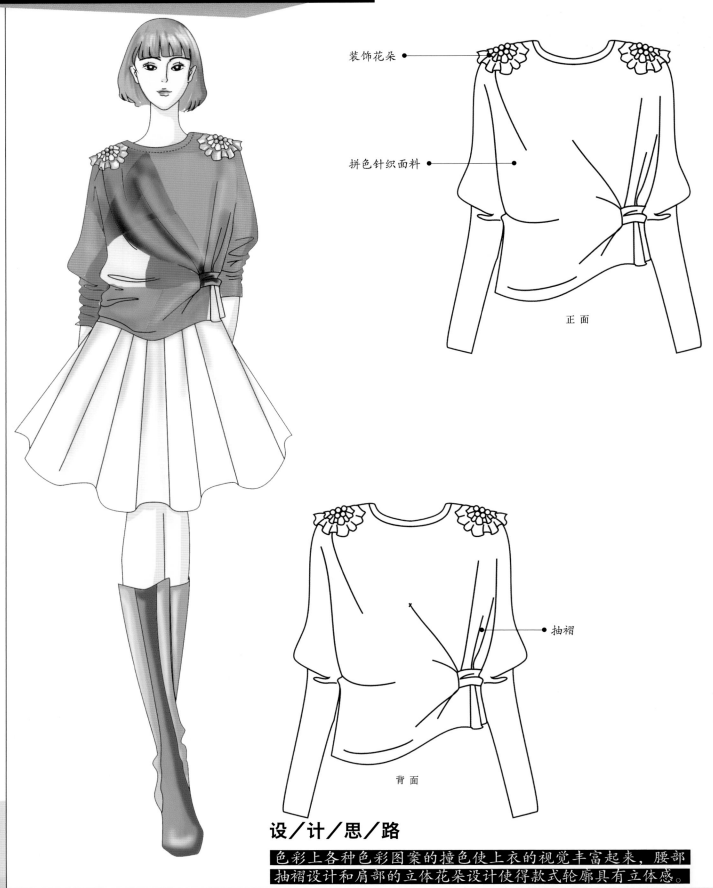

装饰花朵

拼色针织面料

正面

抽褶

背面

设／计／思／路

色彩上各种色彩图案的撞色使上衣的视觉丰富起来，腰部
抽褶设计和肩部的立体花朵设计使得款式轮廓具有立体感。

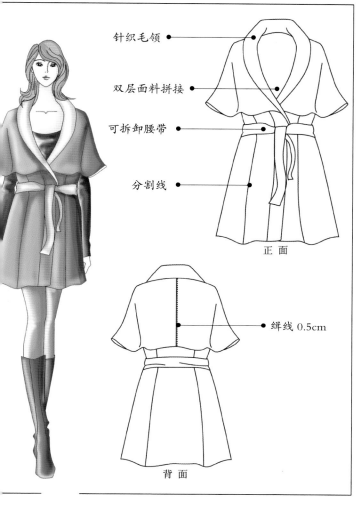

针织毛领

双层面料拼接

可拆卸腰带

分割线

正 面

缉线 0.5cm

背 面

设／计／思／路

双层式的简单设计，领子和腰带的面料拼接淡化原本色彩的沉闷感，休闲舒适。

设／计／思／路

袖子看上去如同蝴蝶的翅膀一般无拘无束。腰间的大腰带装饰收身效果显著，使得这件款式的轮廓分明，气质优雅淡然。

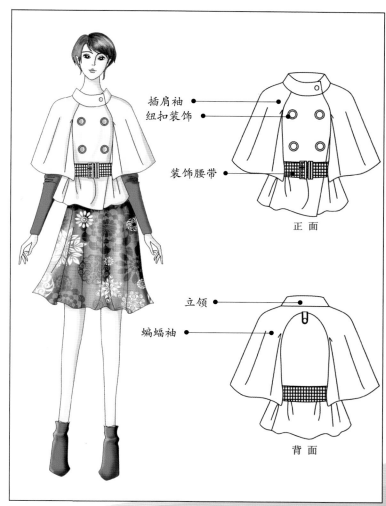

插肩袖
纽扣装饰

装饰腰带

正 面

立领

蝙蝠袖

背 面

面料图案 ●
袖口折边 2cm
口袋 ●

正 面

橡筋抽褶 ●

背 面

拼接面料 ●
明装拉链 ●
口袋 ●
橡筋腰带 5cm

下摆宽 3.5cm

正 面

● 分割线

背 面

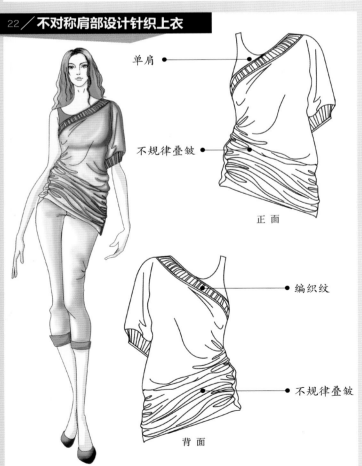

单肩 ●
不规律叠皱 ●

正 面

● 编织纹

● 不规律叠皱

背 面

以夸张的变形披风款式
打造成这款休闲的上衣，
无分割处理的板型看上
去格外宽松舒适，无拘
束感。

以暗褶、罗纹领子和橡
筋腰带打造的中长款造
型，有些复杂的结构让
它看起来具有帅气感。

不对称设计的抽褶上衣，
在下摆处设计叠皱效果
使得下摆不平，从而显
现个性风格。

设/计/思/路

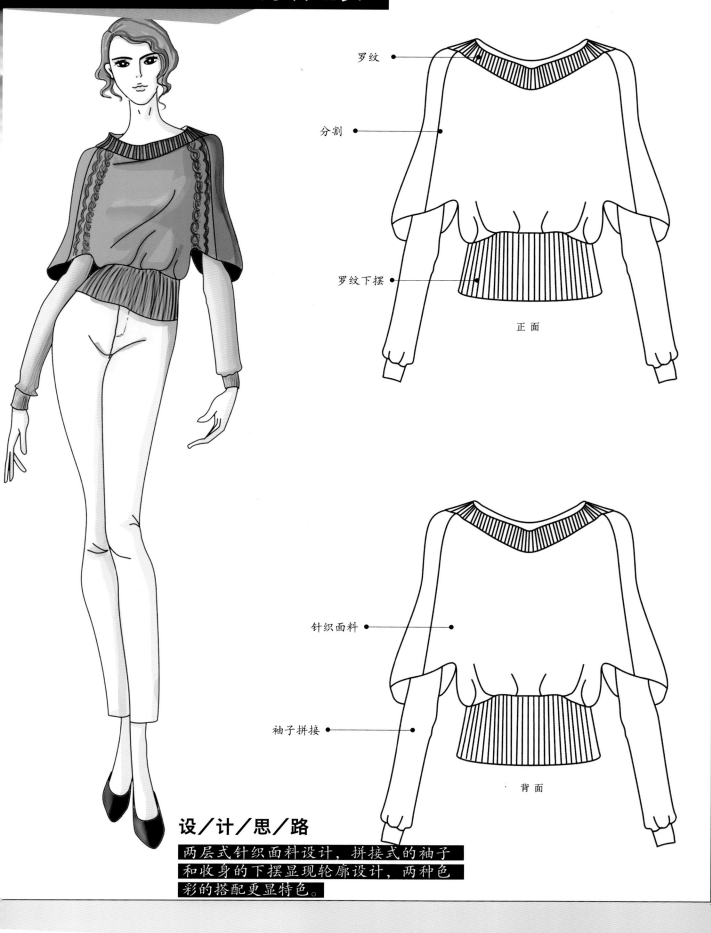

罗纹

分割

罗纹下摆

正 面

针织面料

袖子拼接

背 面

设／计／思／路

两层式针织面料设计，拼接式的袖子
和收身的下摆显现轮廓设计，两种色
彩的搭配更显特色。

24／中袖针织大衣

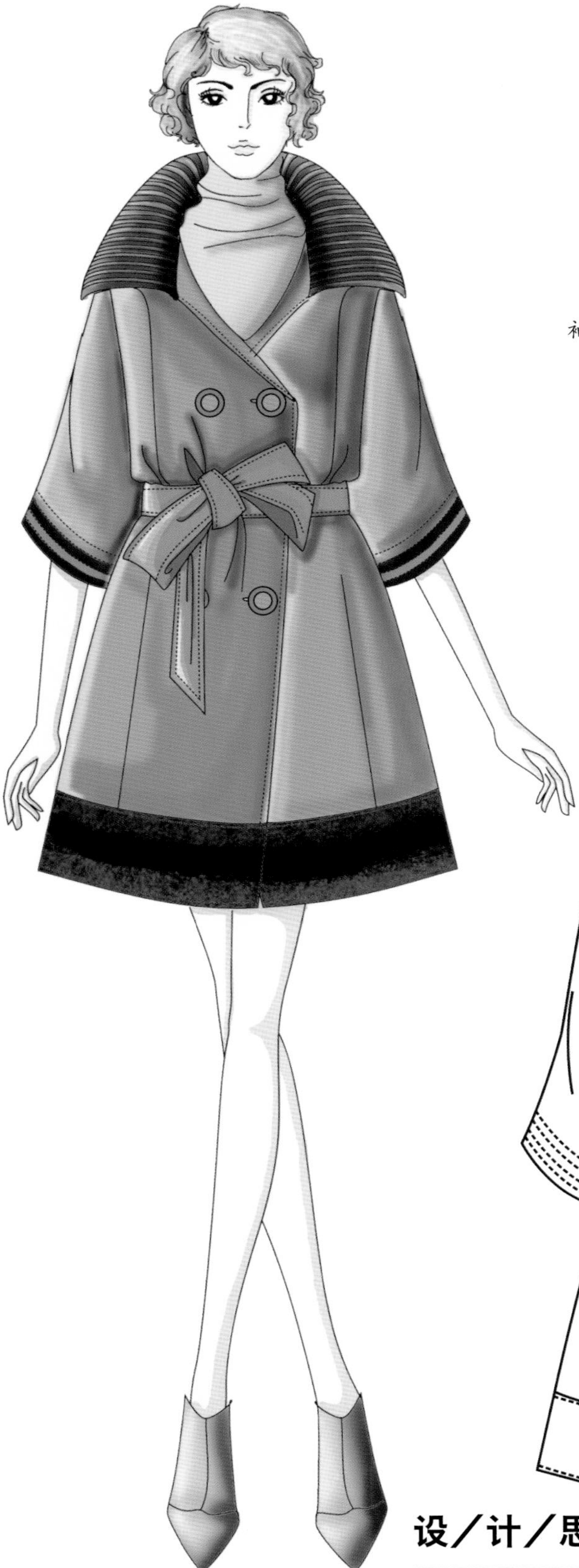

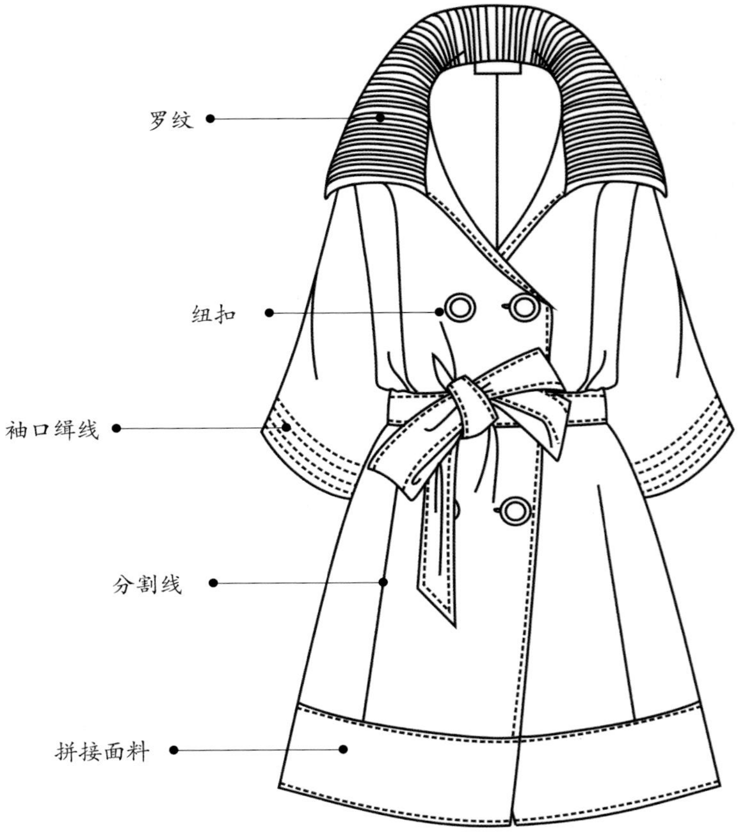

罗纹
纽扣
袖口缉线
分割线
拼接面料

正 面

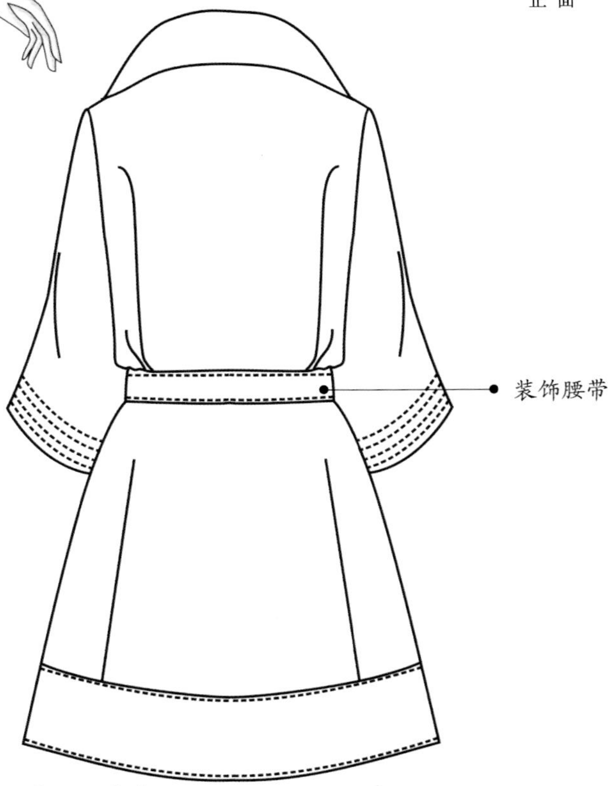

装饰腰带

背 面

设／计／思／路

军绿色的大衣，上采用针织罗纹拼接的大翻领，下摆和袖口也点缀上多层次针织纹路，使色彩、面料都丰富饱满起来。

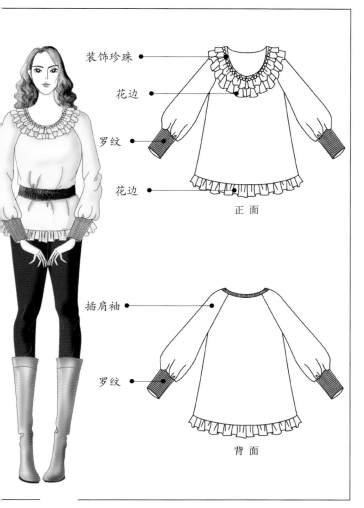

装饰珍珠
花边
罗纹
花边
正面

插肩袖
罗纹
背面

设／计／思／路

简单的上衣款式，用格子面料搭配袖口处装饰的蕾丝花纹，在色彩上给人丰富的感觉。

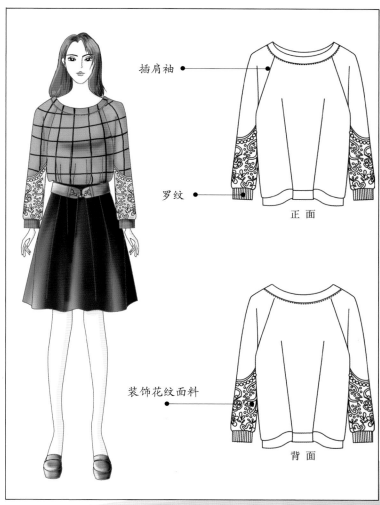

插肩袖
罗纹
正面

装饰花纹面料
背面

设／计／思／路

青绿色的毛衣领口和下摆上都装饰上花边，加上粉色罗纹袖口拼接，整款衣服显得可爱又浪漫。

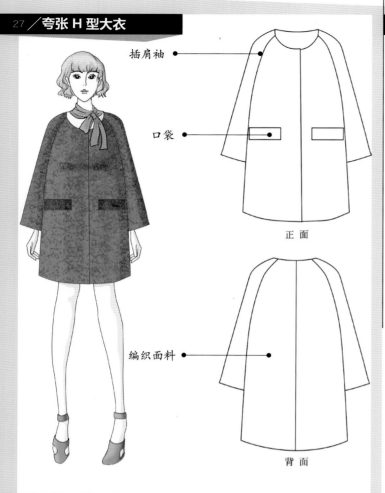

插肩袖

口袋

编织面料

正面

背面

立领

拼接条纹

装饰皮草

装饰腰带

正面

袖口包边 2.5cm

编织面料

背面

29／立领紧袖宽摆毛衣

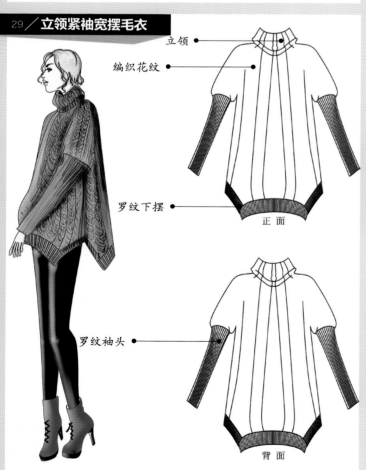

立领

编织花纹

罗纹下摆

罗纹袖头

正面

背面

插肩袖的简款大衣，干净的线条处理在造型上给人十分干净大方的效果。

长款短袖的显瘦板型，肌理简洁的编织纹路，胸前点缀的皮草装饰显示出毛衣的品位，金属的装饰腰带更具有时尚感。

以编织花纹为主的长款毛衣，唯有袖子和下摆处使用罗纹面料，使其不会过于单调。

设／计／思／路

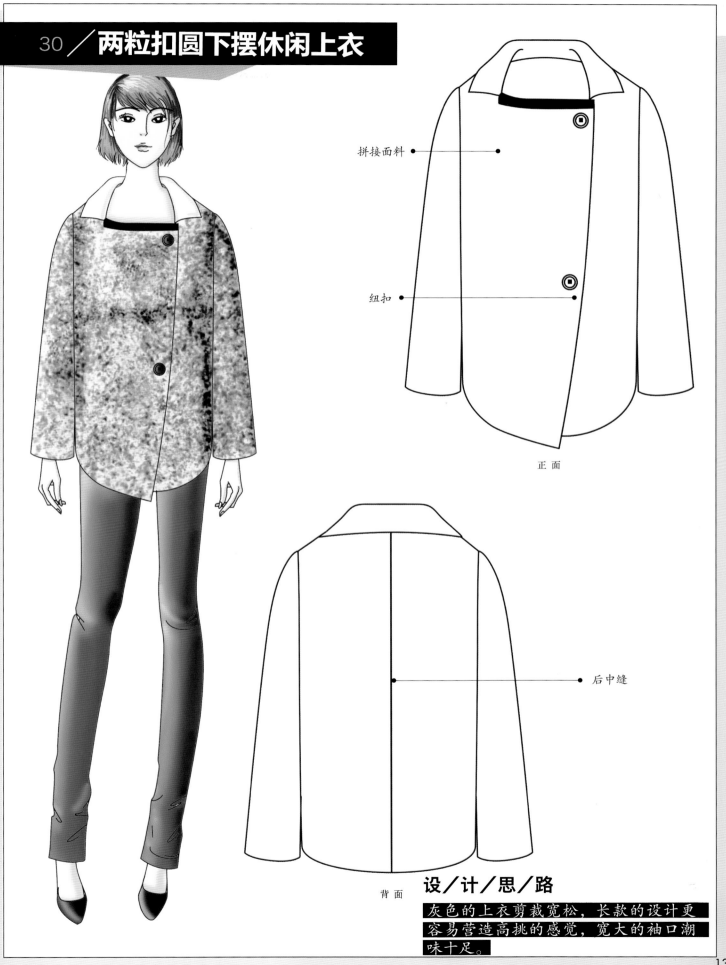

拼接面料

纽扣

正　面

后中缝

背　面

设／计／思／路

灰色的上衣剪裁宽松，长款的设计更容易营造高挑的感觉，宽大的袖口潮味十足。

装饰花纹串珠

不规则抽褶

正 面

不规则系带抽绳

背 面

设／计／思／路

领口处的花纹串珠设计十分显眼,加上宽松的板型,
下摆抽绳设计在视觉上感觉轻盈且有柔美感。

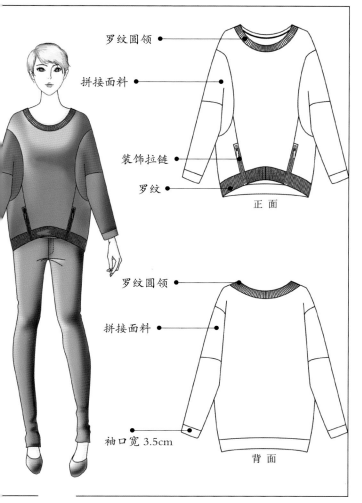

罗纹圆领

拼接面料

装饰拉链

罗纹

正 面

罗纹圆领

拼接面料

袖口宽 3.5cm

背 面

采用针织纹路制作这款针织上衣，运用各种线条式的纹路来体现款式的轮廓，休闲中不乏个性时尚。

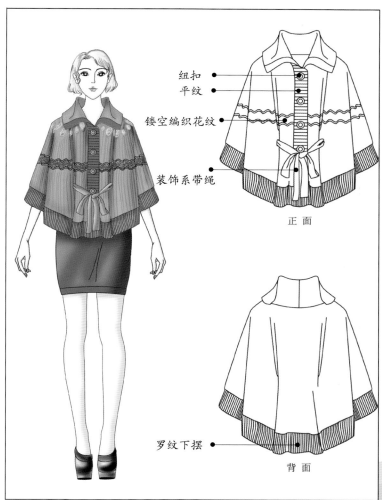

纽扣

平纹

镂空编织花纹

装饰系带绳

正 面

罗纹下摆

背 面

袖子间面料的圆形抽象拼接在视觉上给人强烈的印象，展现穿着者的个性。

手工装饰花

袖口宽 3.5cm

针织面料

正 面

背 面

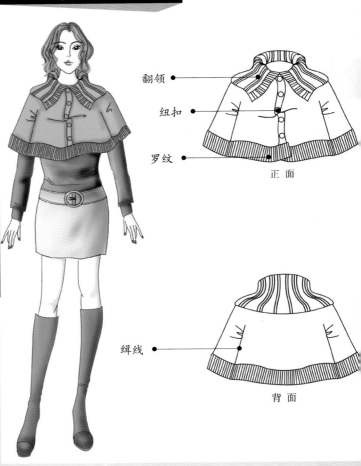

翻领

纽扣

罗纹

正 面

缉线

背 面

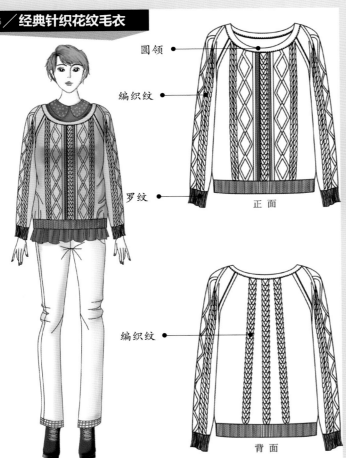

圆领

编织纹

罗纹

正 面

编织纹

背 面

休闲款式的上衣领口处采用了立体花设计，给原来略显单调的款式增添了趣味和浪漫。

针织的毛衣短装，罗纹的领子和下摆在视觉上起到连贯的作用，中间则由纽扣串联起来。

这是一件运用各种编织技法而制作的毛衣，各种漂亮的纹路在面料上一览无余，在穿着舒适的同时，给人视觉上的美感。

设/计/思/路

37 / 织花收腰针织衫

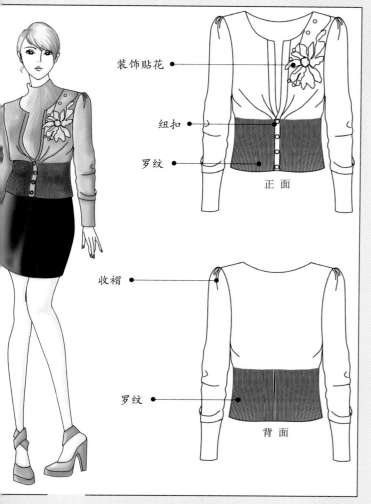

装饰贴花

纽扣

罗纹

正面

收褶

罗纹

背面

设/计/思/路

夸张插肩袖的板型设计使得款式看上去十分休闲，可穿性极高，明亮的黄色搭配让其视觉十分完美。

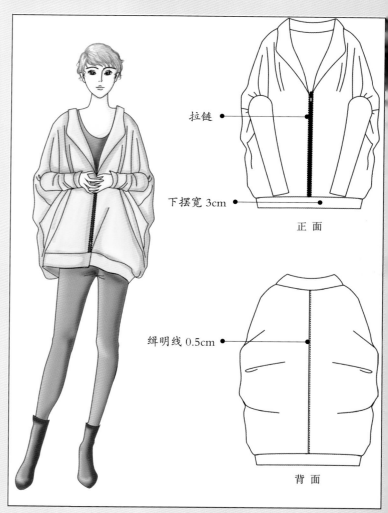

拉链

下摆宽 3cm

正面

缉明线 0.5cm

背面

设/计/思/路

收腰针织衫既迎合潮流又保暖，合体的板型让穿着者自信地展露女性的骄人身材。

38 / 夸张插肩袖宽松针织外套

143

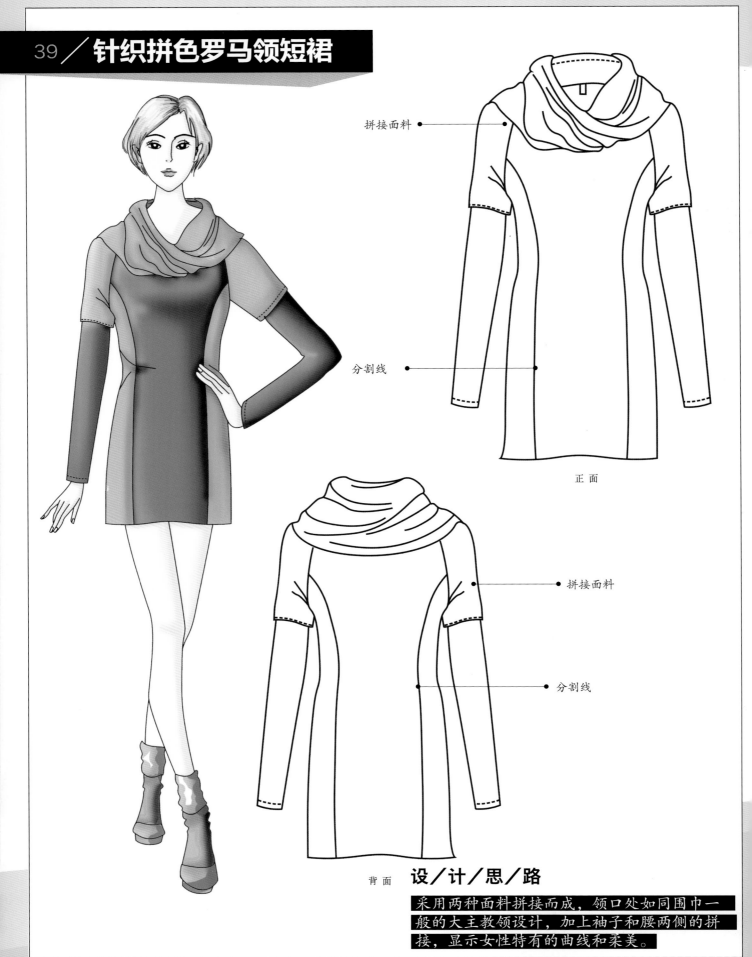

拼接面料

分割线

正面

拼接面料

分割线

背面

设／计／思／路

采用两种面料拼接而成，领口处如同围巾一般的大主教领设计，加上袖子和腰两侧的拼接，显示女性特有的曲线和柔美。

01／牛仔拼接上衣

纽扣

不规则收褶

正面

牛仔面料

碎花面料

背面

吊带式的牛仔外套，在落肩领口处设计的花边和泡起的袖口使得款式显得格外浪漫甜美。

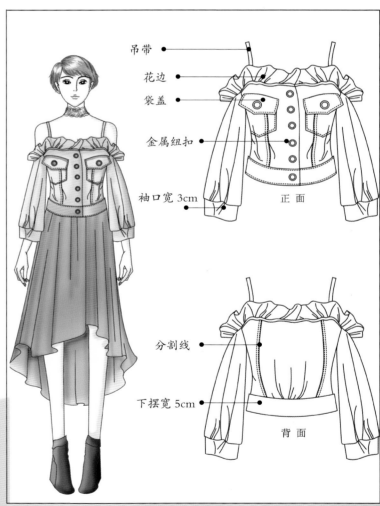

吊带

花边

袋盖

金属纽扣

袖口宽3cm

正面

分割线

下摆宽5cm

背面

设／计／思／路

牛仔面料与花色面料相拼接，两种色彩的混搭打造出不一样的趣味性，很引人注目。

02／吊带落肩牛仔上衣

绲双线

分割线
绲双线

口袋

纽扣

正面

分割线

绲双线

背面

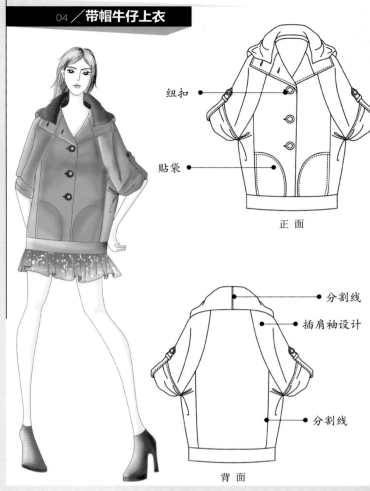

纽扣

贴袋

正面

分割线

插肩袖设计

分割线

背面

罗纹面料

橡筋抽褶

分割线

橡筋抽褶

罗纹袖口

正面

分割线

罗纹袖口

下摆宽 3.5cm

背面

运用常见的洗白牛仔布的方式将面料呈现出一种渐变花色的状态，给人视觉上新的体会。

采用分割线和插肩袖等形式使得这件上衣看上去休闲且时尚。

泡泡袖和腰间的橡筋线抽皱褶后收身效果显著。袖子拼接的针织袖头让款式的轮廓丰富。

设／计／思／路

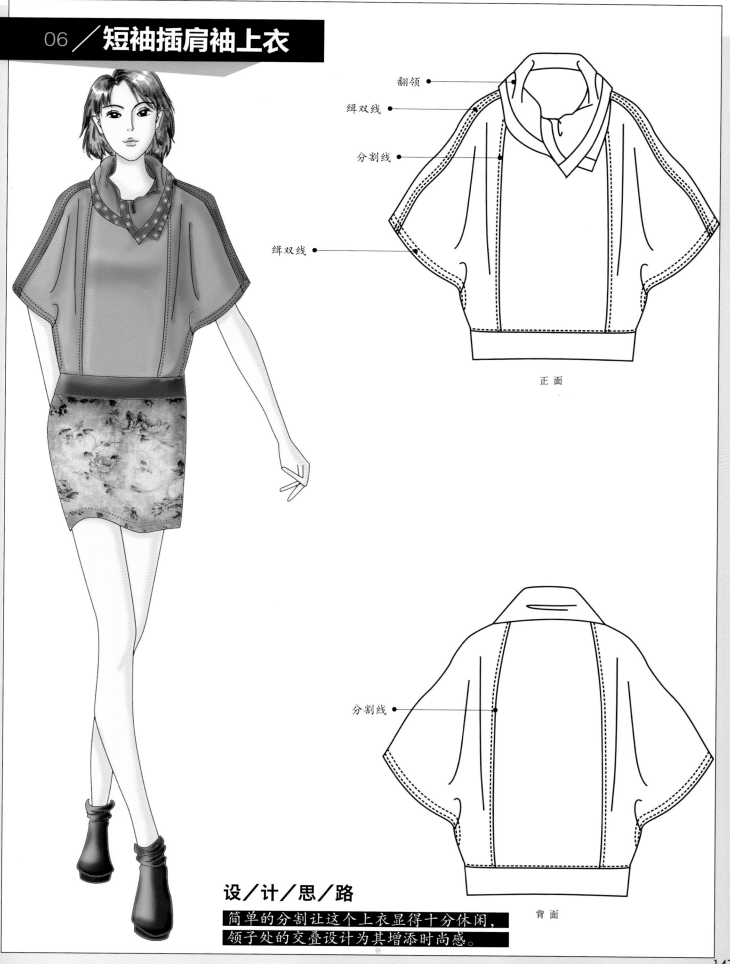

翻领

缉双线

分割线

缉双线

正 面

分割线

背 面

设/计/思/路

简单的分割让这个上衣显得十分休闲,
领子处的交叠设计为其增添时尚感。

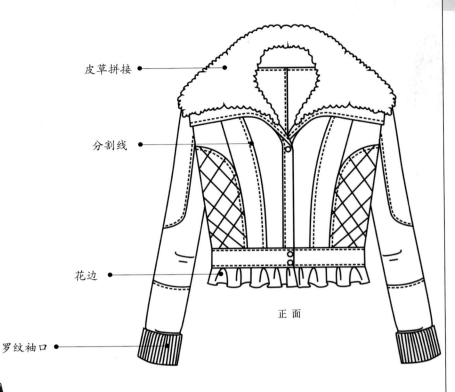

皮草拼接

分割线

花边

正面

罗纹袖口

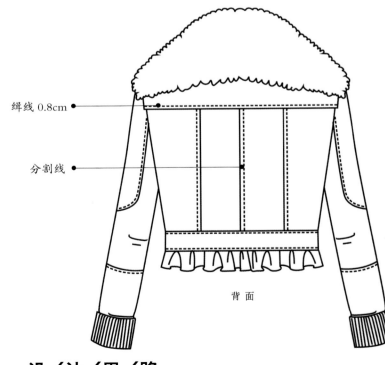

缉线 0.8cm

分割线

背面

设／计／思／路

分割线的设计使得款式贴体，领子上的装饰物显得有厚重感。在视觉上给人温暖的感觉。

花边

系绳腰带

双层花边

正面

分割线

袖口宽 3cm

双层花边

背面

设／计／思／路

以花边装饰为主，将领口和下摆处都点缀上厚厚的花边，袖口和系绳的面料拼凑在视觉上成为亮点。

皮革拼接
分割线

图案面料

正面

分割线
双向褶

背面

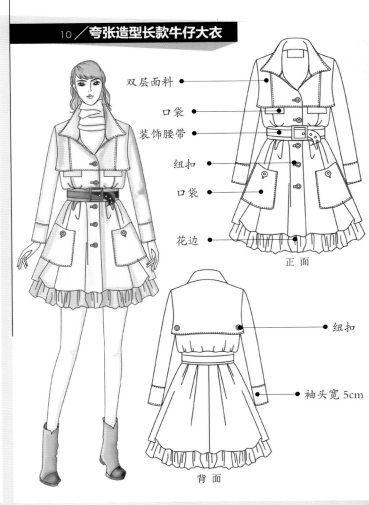

双层面料
口袋
装饰腰带
纽扣
口袋

花边

正面

纽扣

袖头宽5cm

背面

翻领
贴边

贴边

贴袋

正面

分割线

装饰拉链

自然开衩

背面

运用牛仔面料、皮革、梭织图案面料三种拼接设计而成的上衣，给人一种另类的时尚气息。

类似于连衣裙的设计，夸张的下摆内层装饰皱褶花边，腰带的紧致收身效果将牛仔的厚重感完美平衡。

根据身材曲线进行的分割曲线包边在视觉上很引人注目，侧边拉链装饰和后中分割开衩显现出另类的设计和时尚。

设/计/思/路

12／时尚牛仔棉衣

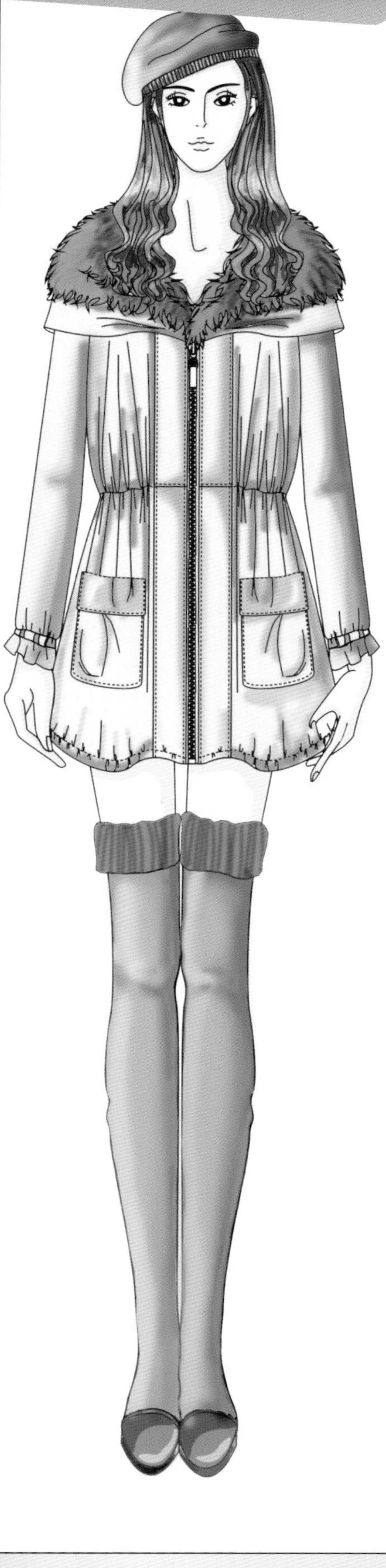

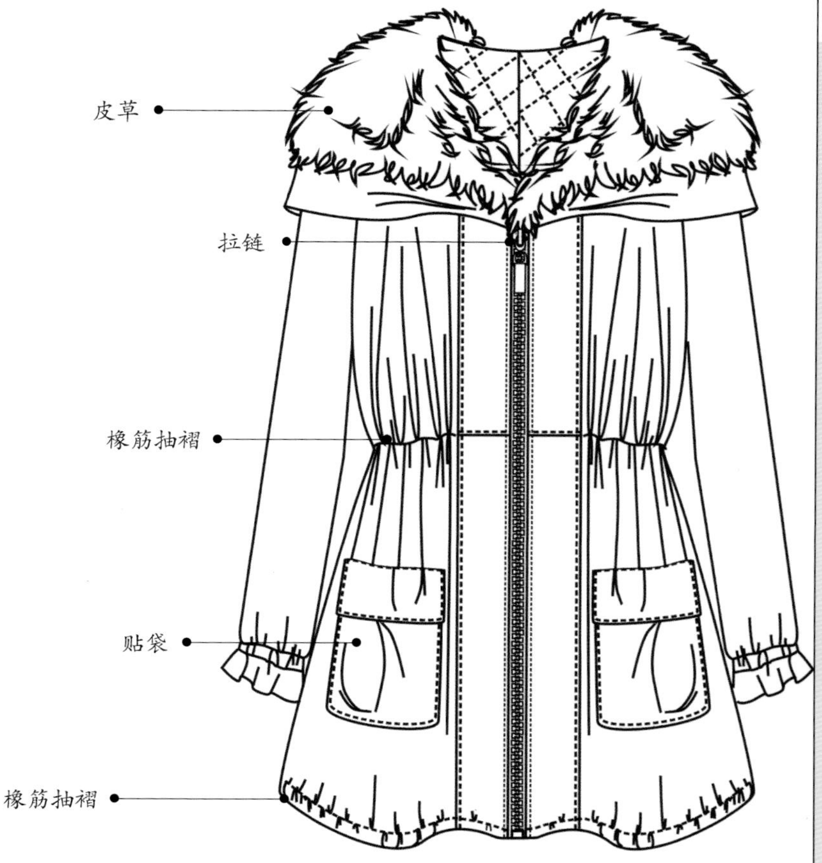
皮草
拉链
橡筋抽褶
贴袋
橡筋抽褶

正 面

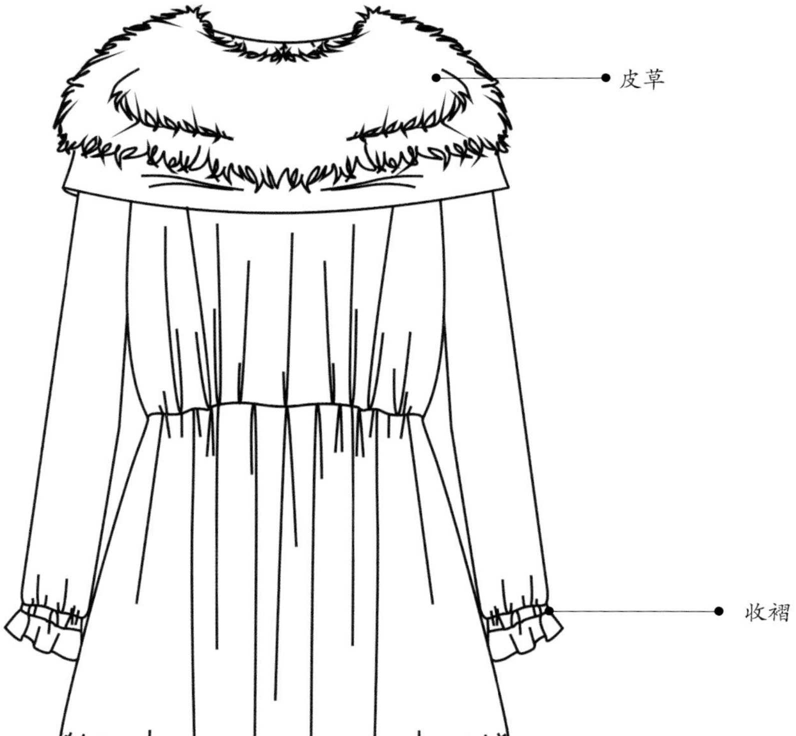
皮草
收褶

背 面

设／计／思／路

拼接皮草的翻领呈现松垮的外形，腰部的皱褶收腰可以减少内层加棉的膨胀感。

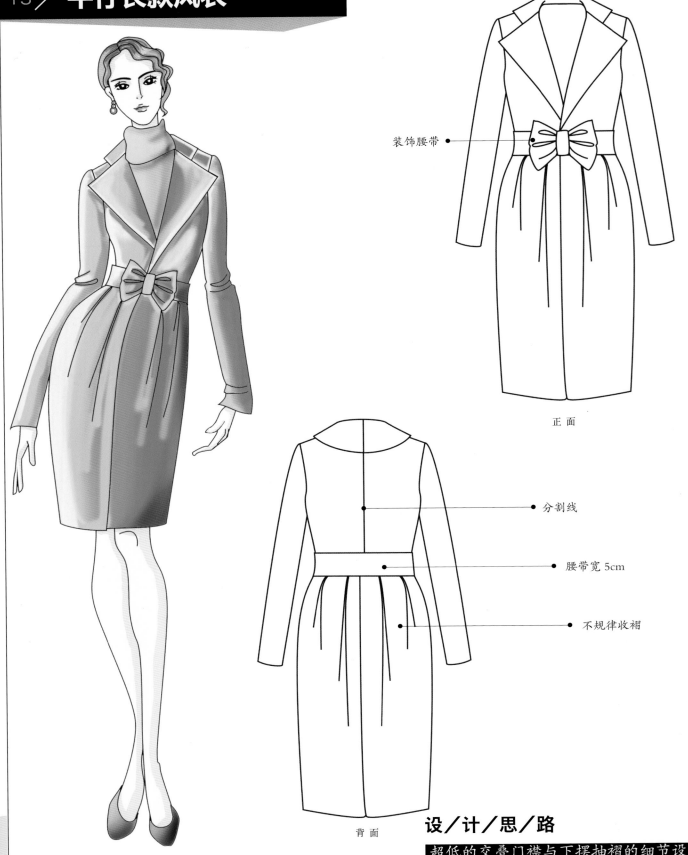

装饰腰带 ●

正 面

分割线

腰带宽 5cm

不规律收褶

背 面

设／计／思／路

超低的交叠门襟与下摆抽褶的细节设计
打造出引人注目的服装轮廓，腰间的装
饰蝴蝶结点缀使其多了些许柔美。

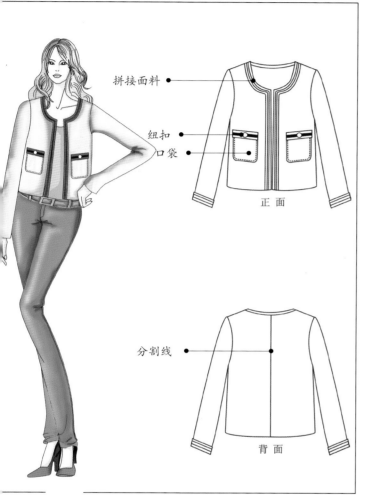

拼接面料 ●

纽扣 ●

口袋 ●

正面

分割线 ●

背面

设／计／思／路

夸张的"A"字形下摆及下摆不同色彩面
料的花边组合，打造出轮廓吸引人的外观。
牛仔面料本身的雪花图案又略显可爱。

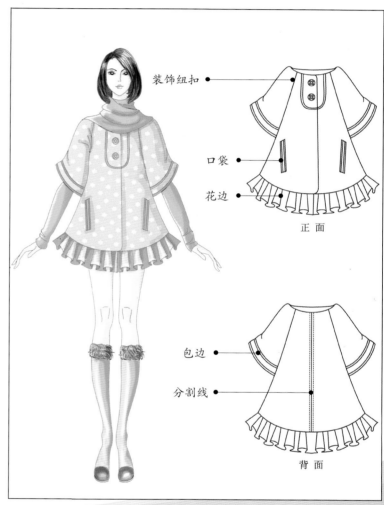

装饰纽扣 ●

口袋 ●

花边 ●

正面

包边 ●

分割线 ●

背面

设／计／思／路

无省道分割的裁剪风格，采用不同面料包边来体现
层次感。

15／雪花牛仔外套

分割线
纽扣
口袋

正 面

分割线
分割线

折边 3cm

背 面

皱褶
亮钻装饰
不规则收褶

正 面

面料纹路

背 面

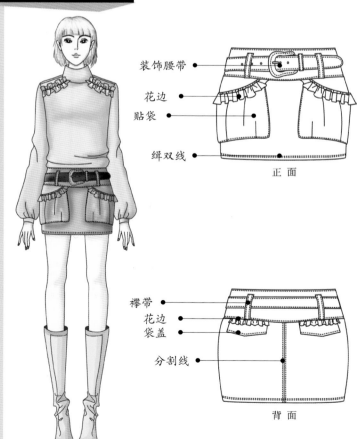

装饰腰带
花边
贴袋

缉双线

正 面

襻带
花边
袋盖

分割线

背 面

分割线的拼合使牛仔西服增添立体感，在造型上更具创意感。

袖口处采用了泡泡袖的设计，腰带上点缀红色宝石，下摆则使用皱褶大摆，综合在一起使得牛仔裙精致美丽。

有些偏大的贴袋，采用立体结构来体现轮廓。

设／计／思／路

19 ／ 经典牛仔吊带裙

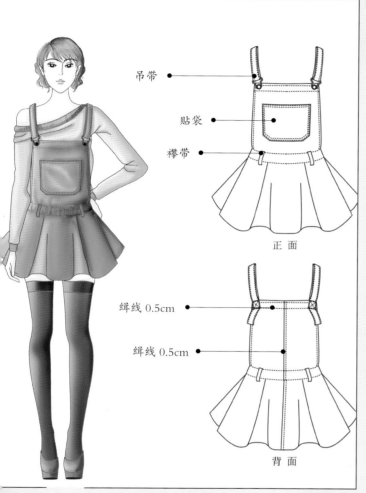

吊带

贴袋

襻带

正面

缉线 0.5cm

缉线 0.5cm

背面

设／计／思／路

设／计／思／路

经典的吊带式设计，设计简单的轮廓在秋冬依旧可以穿着。

设／计／思／路

以圆形图案的薄牛仔衣拼接胸前装饰的花边面料，在色彩上显得格外新颖。

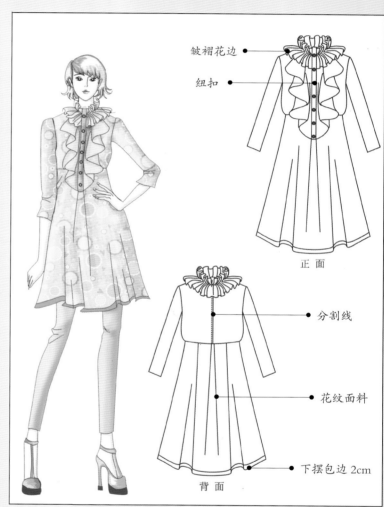

皱褶花边

纽扣

正面

分割线

花纹面料

下摆包边 2cm

背面

20 ／ 拼接花边牛仔连衣裙

插袋

缉双线

分割线

正 面

口袋

分割线

背 面

设／计／思／路

多线条分割的牛仔长裤在腰头也采用多条分割，造型轮廓明显，塑身效果显著。

第四节　韩式秋冬女装羽绒服设计

羽绒服是内充高温消毒的羽绒填料的服装，一般鸭绒量占一半以上，可以混杂一些细小的羽毛。羽绒服保暖性较好，多为寒冷地区的人们穿着。

在羽绒服产品向时装化、休闲化、运动化和个性化转变的进程中，也推动着相关面辅料产品的更新和换代。多家面料企业推出羽绒服专用面料产品。有的是采用新的纺织技术产品，有的是根据环保、健康理念具有新功能的产品，便于服装设计师创造出更多有创意、有品位、符合消费者需求、对市场有强烈吸引力的羽绒服。

01／加厚毛领绣花羽绒服

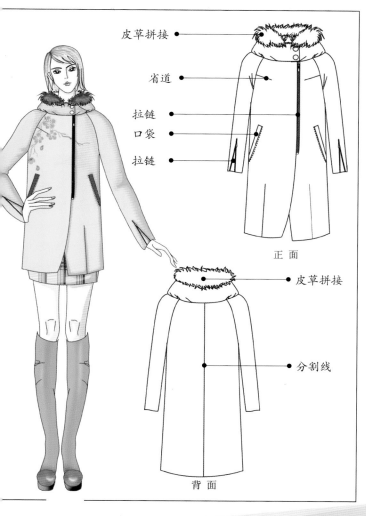

皮草拼接
省道
拉链
口袋
拉链

正面

皮草拼接

分割线

背面

设／计／思／路

直筒式的款式造型，加上皮草的拼接和面料上的印花图案，在视觉上形成一副书卷画的感觉。

设／计／思／路

门襟处蕾丝花边的装饰改变了羽绒服原有的平淡，使色彩变得丰富起来。

纽扣
蕾丝装饰
拉链

分割线

正面

立领

分割线

背面

02／蕾丝装饰门襟羽绒服

拉链

门襟宽 5cm，内装拉链

袖口折边 10cm

三层荷叶边

正面

抽褶

松紧带宽 4cm

背面

立领

门襟宽 5cm，
内装拉链

口袋

装饰纽扣

罗纹

正面

缉明线

背面

双层立领

门襟宽 5cm，
内装拉链

正面

橡筋收褶

背面

复杂的外形设计与面料拼凑独具个性，夸张的领部结构在视觉上给人强大的震慑，同时具有实用性，能起到好的保暖作用。

简单的线型轮廓上装，利用明线的处理，将羽绒固定且不显臃肿，整个造型显得干净大方。

双层立领的设计与下摆收紧的结构设计，体现简洁、大方的风格。

设／计／思／路

装饰纽扣

门襟宽 7cm，内装拉链

罗纹下摆

正 面

连体帽

袖口宽 3.5cm

花纹图案

背 面

设／计／思／路

款式的亮点来自于面料的特色，带有图案的
面料与中袖长款的羽绒服相结合，精致可爱。

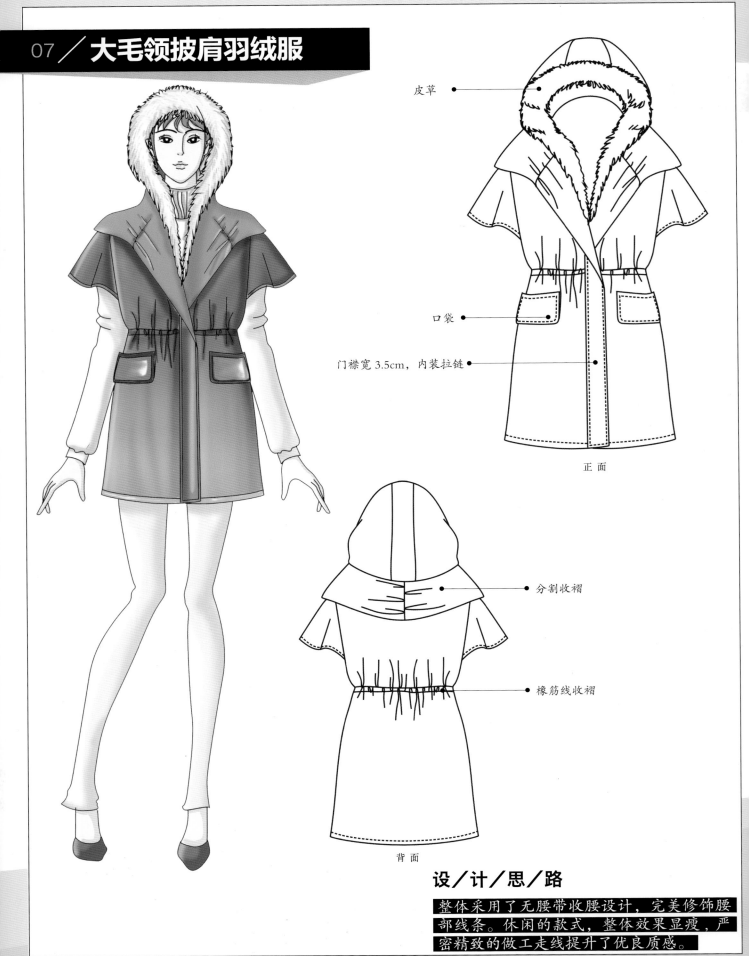

皮草

口袋

门襟宽 3.5cm，内装拉链

正面

分割收褶

橡筋线收褶

背面

设/计/思/路

整体采用了无腰带收腰设计，完美修饰腰部线条。休闲的款式，整体效果显瘦，严密精致的做工走线提升了优良质感。

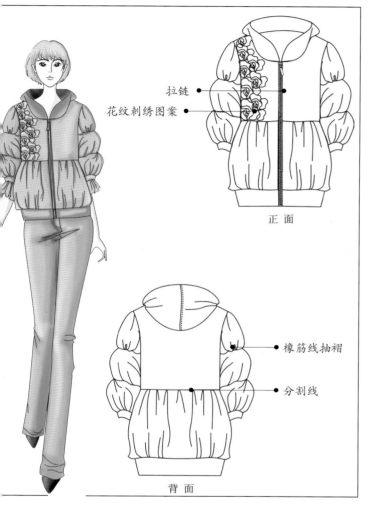

拉链

花纹刺绣图案

正 面

橡筋线抽褶

分割线

背 面

设／计／思／路

袖子处采用三层式的橡筋抽褶，造型新颖，立体的刺绣花纹与色彩本身带来甜美的细节。

设／计／思／路

上衣的分割线将略有些膨胀的羽绒固定，加上门襟处的花边装饰和袖口的皱褶，使其保暖感和设计感都十分完美。

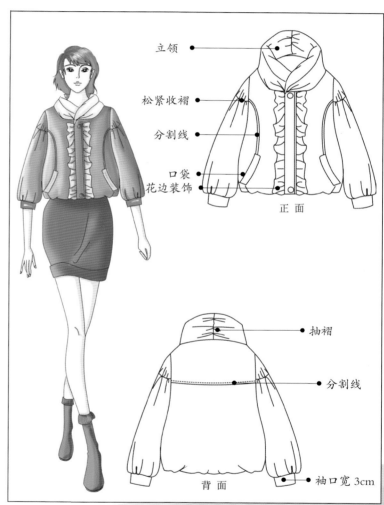

立领

松紧收褶

分割线

口袋
花边装饰

正 面

抽褶

分割线

背 面

袖口宽3cm

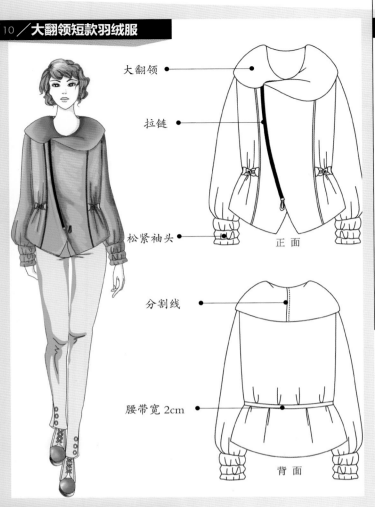

大翻领

拉链

松紧袖头

正面

分割线

腰带宽 2cm

背面

双层领

双排纽扣

装饰边 3cm

橡筋带抽褶

正面

绗线 1.2cm，抽

橡筋带宽 3.5cm

袖口绗线 1.5cm

收褶

背面

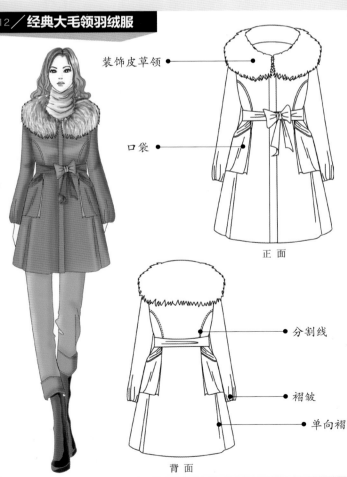

装饰皮草领

口袋

正面

分割线

褶皱

单向褶

背面

没有传统羽绒服的臃肿感，短款穿着后显得精致，斜襟拉链设计增添了一份时尚味道。

双层领的设计和腰部橡筋收腰在造型视觉上形成对比。纽扣和下摆处装饰边的点缀色彩使其不显过于呆板。

毛领的拼接显得格外突出，加重了款式的质感和厚度感，款式本身的板型稍为收身，与红色的面料组合出抢眼的视觉。

设／计／思／路

13／拼色插肩袖羽绒服

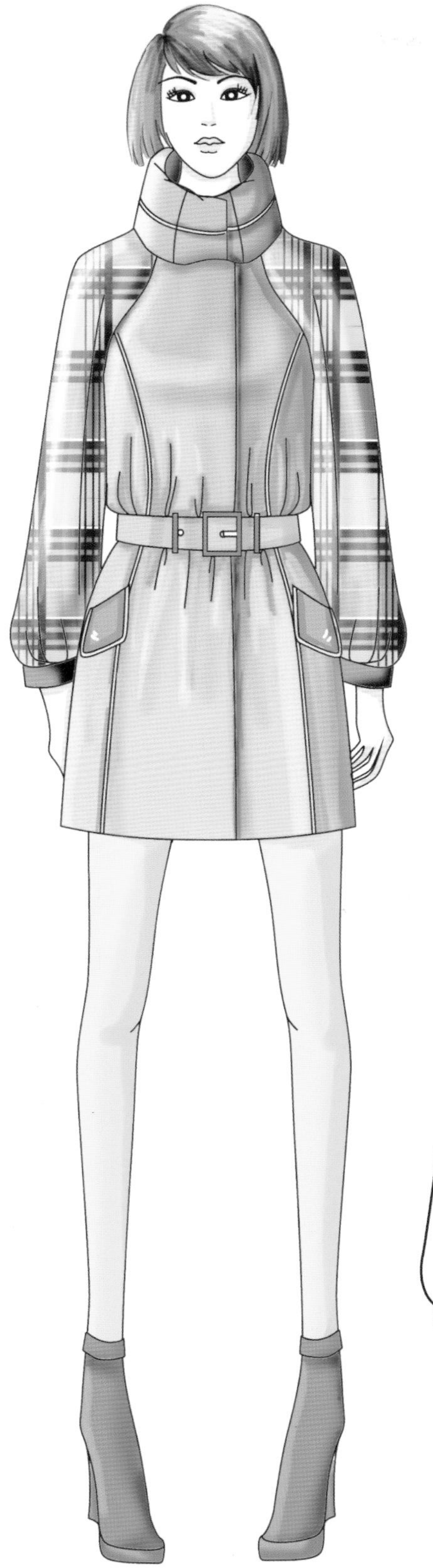

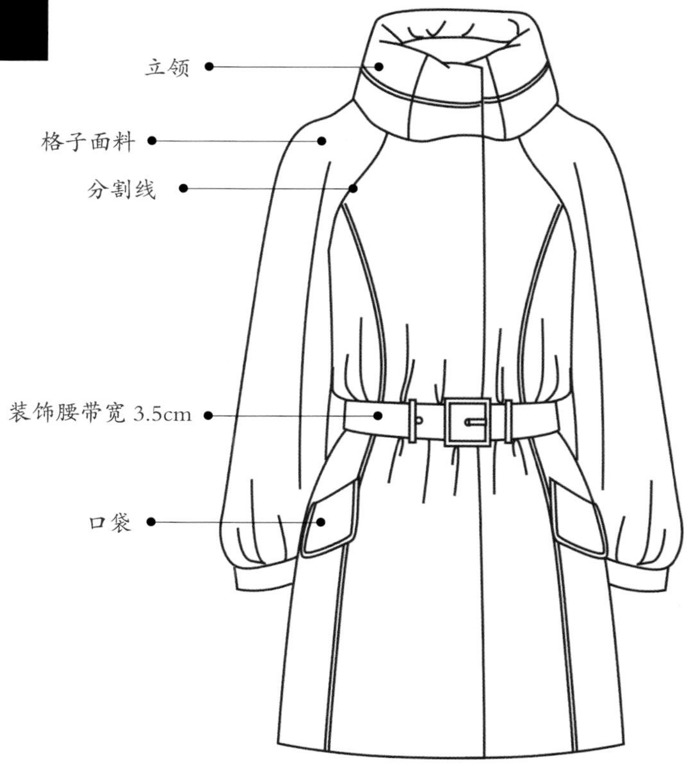
立领
格子面料
分割线
装饰腰带宽 3.5cm
口袋

正 面

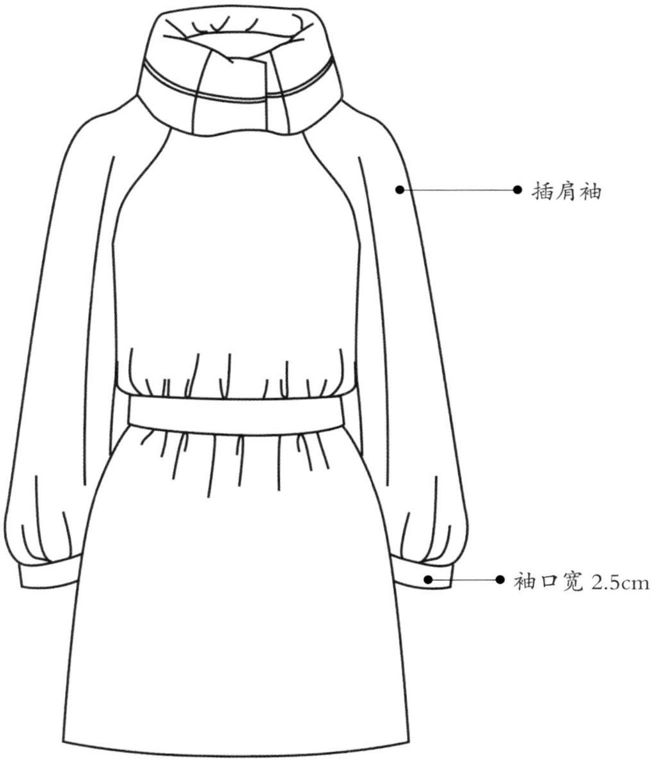
插肩袖
袖口宽 2.5cm

背 面

设／计／思／路

这是一件多彩色的羽绒服，运用插肩袖上格子面料的拼接和腰间的装饰腰带为色彩外型增加亮点。

拼接面料

拉链

橡筋抽褶

正 面

橡筋抽褶

袖口抽褶

背 面

设／计／思／路

在下摆和袖口处采用多层皱褶设计，既能固定羽绒
服的羽绒，又能达到收身效果。

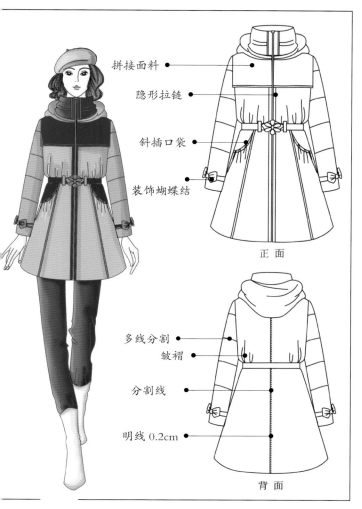

拼接面料

隐形拉链

斜插口袋

装饰蝴蝶结

正 面

多线分割

皱褶

分割线

明线 0.2cm

背 面

采用多线分割拼接、抽褶，不同色彩面料的组合，让整件款式的外形轮廓丰富，设计感十足。

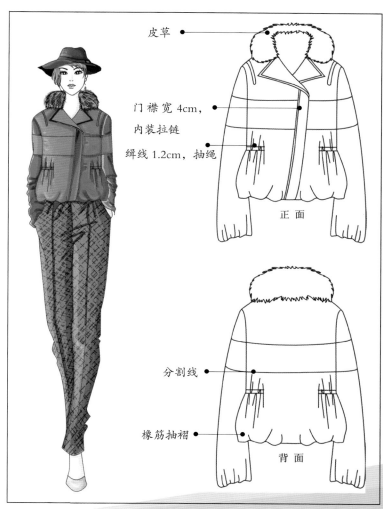

皮草

门襟宽 4cm,
内装拉链

缉线 1.2cm，抽绳

正 面

分割线

橡筋抽褶

背 面

使用两种面料设计拼接而成的羽绒服在色彩上显得十分抢眼，款式上的细节设计更加突出外形轮廓。袖口和腰间的装饰又带来一丝甜美的趣味。

17／袖部抽褶毛领长款羽绒服

- 皮毛装饰
- 缉双线
- 花边
- 缉双线
- 口袋
- 抽褶
- 松紧腰带
- 缉线 1.2cm，抽绳

正 面

背 面

18／花色面料拼接羽绒服

- 大翻领
- 泡泡袖
- 分割线
- 拼接面料
- 腰带宽 4cm
- 橡筋线抽褶

正 面

背 面

19／针织大翻领羽绒服上装

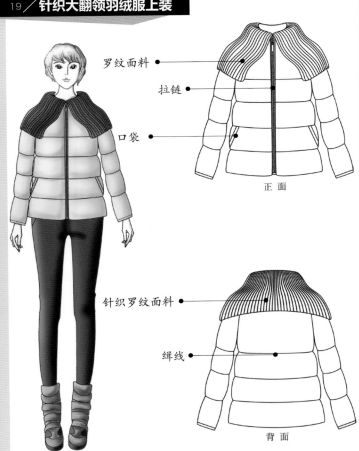

- 罗纹面料
- 拉链
- 口袋
- 针织罗纹面料
- 缉线

正 面

背 面

长至膝盖的款式设计加上连体帽的皮草装饰，袖口和下摆的收褶设计使得整件款式轮廓明显，设计精良。

夸张的袖子造型与色彩绚丽的面料搭配，给人视觉上引人注目的感觉。而其中填充的羽绒带来的厚重感显得可爱。

运用罗纹针织面料装饰的领子在款式的整体造型上形成了很大的视觉效果，使其摆脱单调感，带来时尚层次感。

设／计／思／路

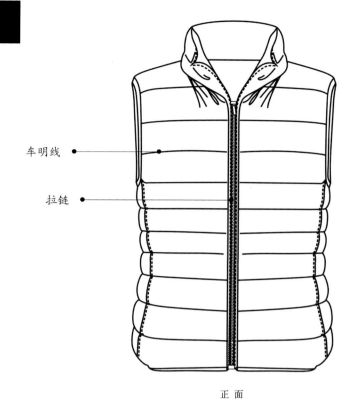

车明线 ●————————●

拉链 ●————————●

正 面

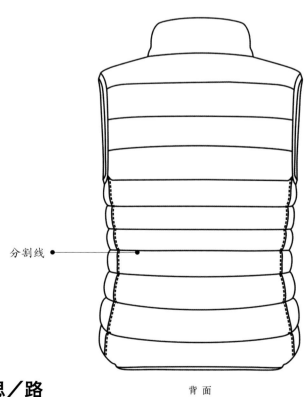

分割线 ●————————●

背 面

设／计／思／路

简单的条纹是设计重点，是冬天里的
百搭款，没有过多的设计要点，保暖
性和时尚感极强。

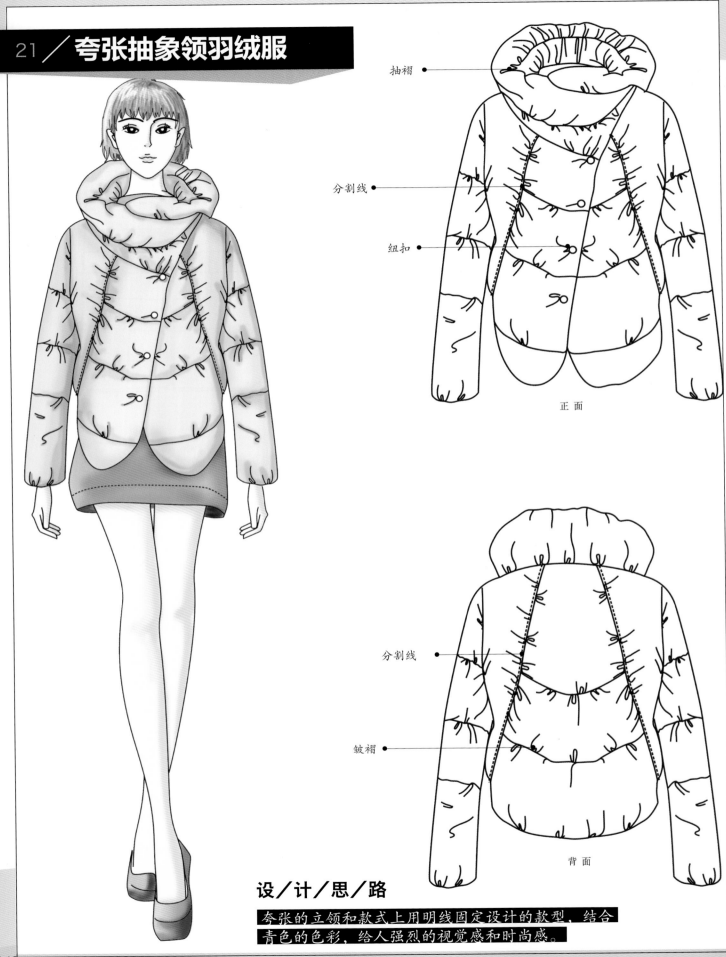

抽褶 ●

分割线 ●

纽扣 ●

正 面

分割线 ●

皱褶 ●

背 面

设／计／思／路

夸张的立领和款式上用明线固定设计的款型，结合
青色的色彩，给人强烈的视觉感和时尚感。

22 / 底摆抽褶薄羽绒服

口袋

下摆抽褶

正 面

车明线固定

背 面

设／计／思／路

微胖的板型设计，立领和收紧的下摆加强了保暖性能。蓝色的色彩大气而又时尚。

设／计／思／路

简洁的背心设计，"V"字形线条的明线固定，加上腰带装饰，整个款式简洁又时尚。

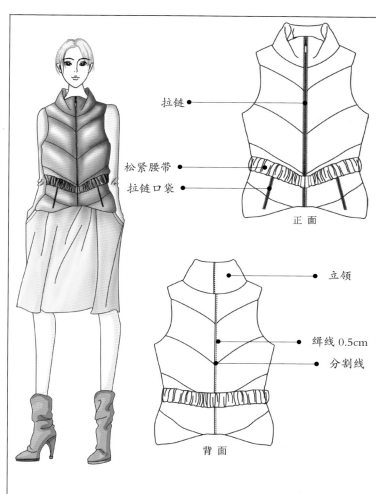

拉链

松紧腰带

拉链口袋

正 面

立领

缉线 0.5cm

分割线

背 面

23 / 变化腰带设计羽绒背心

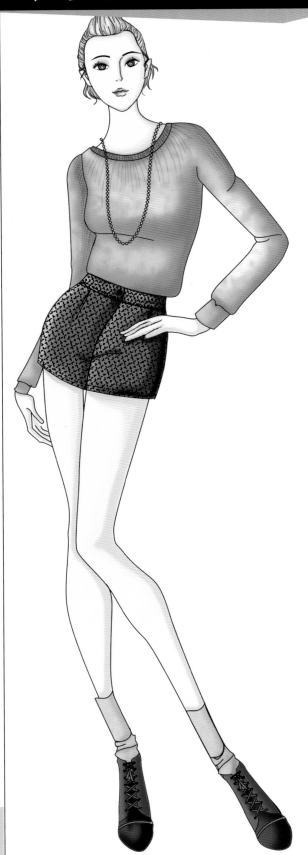

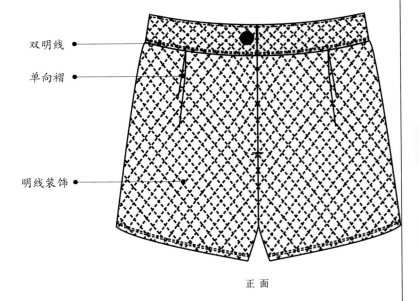

双明线 ●———

单向褶 ●———

明线装饰 ●———

正　面

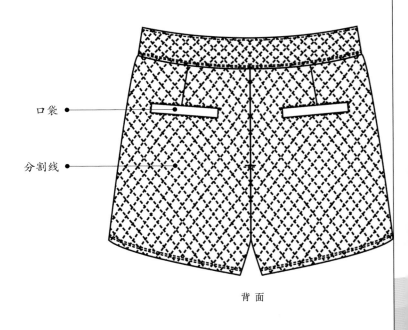

口袋 ●———

分割线 ●———

背　面

设/计/思/路

羽绒短裤运用了多条明线固定和装饰，以达到最好的视觉效果和穿着效果。

第五节　韩式秋冬女装皮草服装设计

　　皮草是指利用动物的皮毛制成的服装。狐狸、貂、貉子、兔、牛、羊等毛皮动物，都是皮草原料的主要来源。当下常用的皮草大部分是化纤织物。

　　皮草材质是冬季温暖又漂亮的御寒服装，毛茸茸的质感与奢华名贵的风格让女性更显优雅与时尚，而不少女性却普遍把皮草当成了如同钻石那样的奢侈名物，同样也给喜爱清新靓丽风格的女生带去一种不适宜年龄层的感觉，其实皮草的驾驭并非那么难，简易巧搭同样能够穿出可爱甜美的风格来。

01／翻领下摆拼接面料皮风衣

翻驳领

纽扣

装饰腰带

拼接面料花边

正 面

腰带宽 2cm

不规则褶皱

背 面

设／计／思／路

简洁大方的经典翻领风衣款皮衣，精炼的设计加上完美的修身剪裁，显得帅气干练。

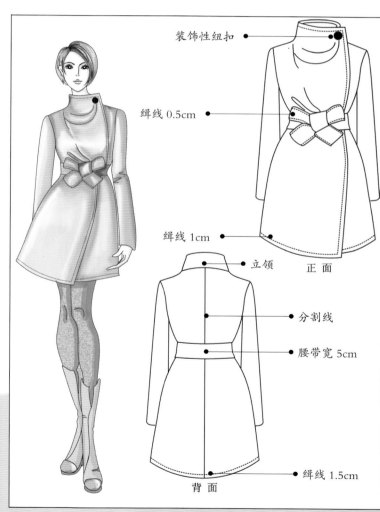

装饰性纽扣

缉线 0.5cm

缉线 1cm

正 面

立领

分割线

腰带宽 5cm

缉线 1.5cm

背 面

设／计／思／路

翻驳领呈现精致外形，双层纱质下摆柔化了上装过硬的线条，款式干练大方且柔美细致。

02／经典立领腰带皮衣

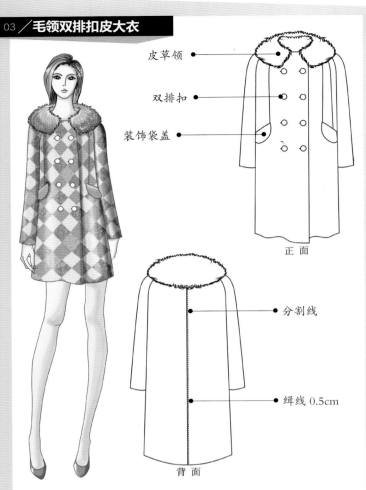

皮草领

双排扣

装饰袋盖

正面

分割线

缉线 0.5cm

背面

皮草领

装饰纽扣

装饰袋盖

双向褶

正面

分割线

皮草袖头

双向褶

背面

大面积皮草拼接

腰带

缉线 0.5cm

正面

后育克

缉线 0.5cm

襻带

分割线

背面

多彩色的格子皮草大衣在视觉上给人十分清新的感觉，加上领口处点缀的渐变皮草显得格外大气。

领口和袖口处的皮草在款式中起到点缀的作用，使得原来单薄的外衣显得饱满起来。

胸口装饰的皮草在视觉上给人时髦的感觉。腰间的蝴蝶结给人乖巧、可爱的感觉。

设╱计╱思╱路

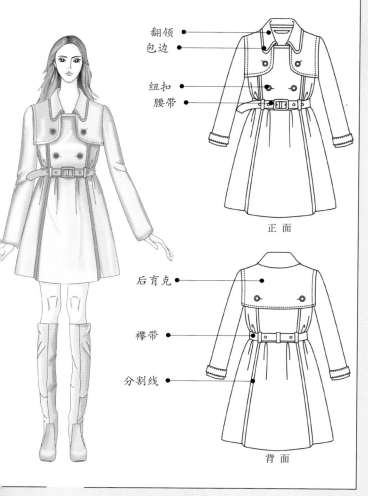

翻领
包边
纽扣
腰带

正面

后育克

襻带

分割线

背面

设／计／思／路

双排扣、下摆装饰花边的红色皮革面料，在视觉上形成了一种强有力的对比作用。

装饰蝴蝶结
双排扣
装饰袋盖

正面

分割线

缉线 0.5cm

花边

背面

设／计／思／路

精致的板型设计在冬季也能显示女性曲线，肩部的面料拼接和两侧的分割在造型上又多了几分帅气。

立体领

双排扣

口袋

袖头皮草拼接

正面

肩上装饰皮草

分割线

橡筋腰带

分割

背面

设／计／思／路

大面积皮草与格子面料相拼接，有多
层混合感，形成一种时髦的造型。

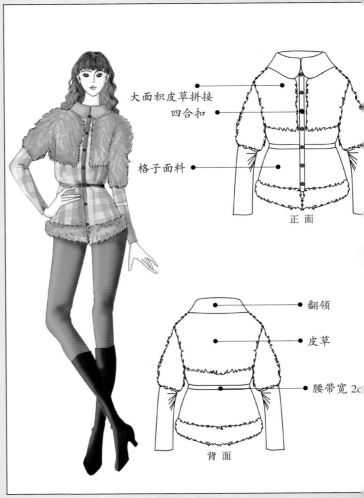

大面积皮草拼接

四合扣

格子面料

正面

翻领

皮草

腰带宽 2c

背面

设／计／思／路

利用皮草装饰肩部和袖头部分，以使视觉立体起来，
皮革面料的分割使其更加贴身时尚。

领边缉线 0.5cm
面料拼接
装饰拉链
拼接皮革面料
折边 2.5cm

翻领
面料拼接
分割线
拉链
双明线
开衩

正面
背面

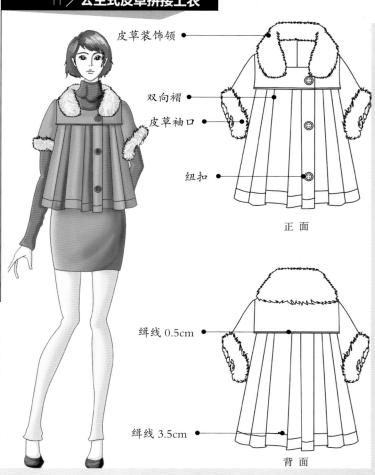

皮草装饰领
双向褶
皮草袖口
纽扣

缉线 0.5cm
缉线 3.5cm

正面
背面

装饰领
缉双线
分割线
拉链口袋
拉链
袖口宽 7cm

正面

缉线 0.5cm
分割线
缉双线
襻带

背面

由花纹面料与皮革拼接而成，使用了多处分割和明贴拉链作为装饰设计，造型感出众。

皮草装饰领和袖头部，公主式的高腰处理加上皱褶下摆在造型上透露着一丝可爱的气息。

以黑色皮革来设计的这款皮衣，采用多道分割线显示出轮廓造型，纽扣和拉链包边都采用亮黄色，给款式注入一丝趣味。

设／计／思／路

罗纹
皮草领
缉线 0.5cm
拉链
纽扣
罗纹下摆
正面

皮草领
分割线
收褶
缉线 0.5cm
罗纹
背面

设／计／思／路

以皮草为主设计的这款外套，轮廓简单，加上腰带的装饰显得整件衣服贴身又漂亮。

皮草大衣
可拆卸皮带
正 面

背 面

设／计／思／路

两件式的夹克款式利用下摆罗纹面料的收缩性来突现轮廓，领口处大面积的皮草不会显得臃肿。

15／奢华皮草拼接外套

皮草领

多条明线装饰

分割线

正面

分割线

缉线 0.5cm

皮革面料

皮草袖口

背面

设／计／思／路

用大面积的皮草装饰领口、袖口及门襟，腰间则采
用多道明线柔化腰线。打造出时尚奢华的美丽。

设／计／思／路

利用皮草、针织、梭织三种面料一起设
计的这款外套，在造型上显得十分吸引
人，高腰线和"A"字形摆都显得青春
可爱。

皮草领

分割线
纽扣
口袋
针织面料

正面

分割线

皮草袖口

收褶

下摆装饰图案

背面

16／可爱式皮草外套

豹纹皮草面料

装饰性腰带

纽扣

正面

分割线

缉线 0.5cm

腰带宽 5cm

背面

袖口

皮革面料

分割线

缉双线

缉双线

正面

分割线

不规律收褶

不规律下摆

背面

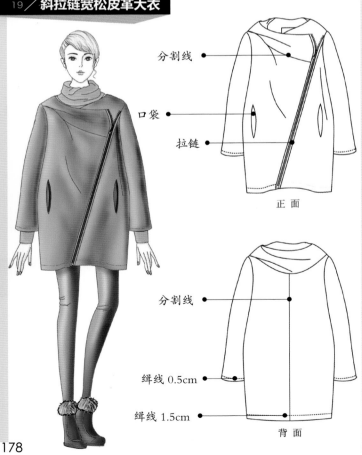

分割线

口袋

拉链

正面

分割线

缉线 0.5cm

缉线 1.5cm

背面

豹纹图案的皮草外衣第一眼便吸引他人的目光，一直延伸至腰间的翻驳领和装饰的拼色腰带显得更加性感亮丽。

使用新颖的裁剪技术把分割的皮革面料拼合后做贴身效果，衣摆的不平衡则运用褶和精美的处理使其自然垂坠。

侧开门襟拉链的皮革大衣，交叉的领口设计加上休闲的板型显得既休闲又时尚。

设/计/思/路

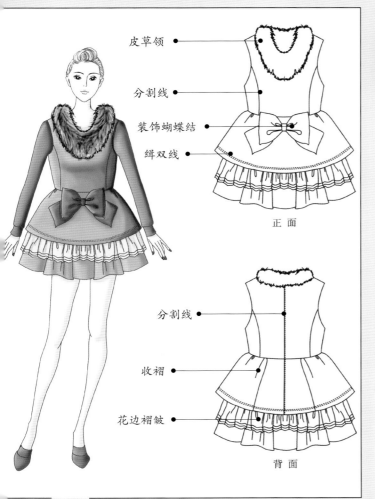

皮草领

分割线

装饰蝴蝶结

缉双线

正 面

分割线

收褶

花边褶皱

背 面

设/计/思/路
优雅大气的款型，九分袖的板型设计，板型修身有层次感，整体造型时尚靓丽，具有很好的上身效果。

皮草

分割拼接

正 面

分割拼接

背 面

设/计/思/路
公主款式的蓬蓬裙，运用了毛领和皮革面料，给人浪漫感的同时，又具有层次感和质感。

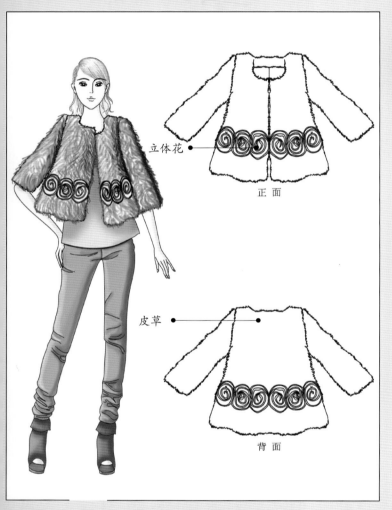

立体花

正面

皮草

背面

设／计／思／路

个性化设计的肩膀和领口处皮草拼接十分另类，双排扣和修长的板型设计帅气又大方。

皮草拼接

双排纽扣

正面

分割线

分割线

背面

设／计／思／路

下摆处的花朵装饰在视觉上给人优雅的同时也带来一丝甜美的气息。

纽扣

缉线 1cm

正 面

分割线

双层下摆

缉线 2cm

背 面

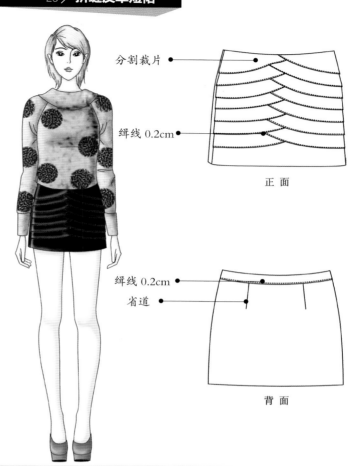

分割裁片

缉线 0.2cm

正 面

缉线 0.2cm
省道

背 面

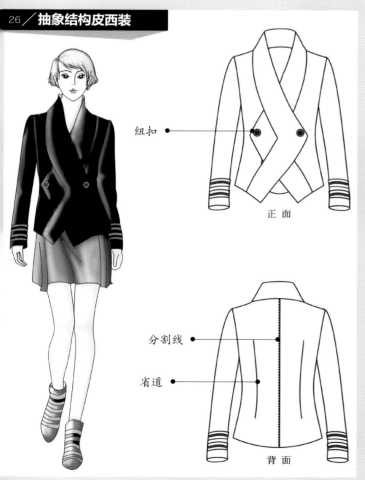

纽扣

正 面

分割线

省道

背 面

领口处大面积的皮草装饰，奢华感十足，不平行的双层下摆设计和简洁的分割带来大家风范。

以花一样的形状多道分割，在造型上显得时尚又柔美。

交叉式的门襟设计略有些抽象，却十分彰显个性。袖口处装饰的花边丰富了原来单调的色彩。

设／计／思／路

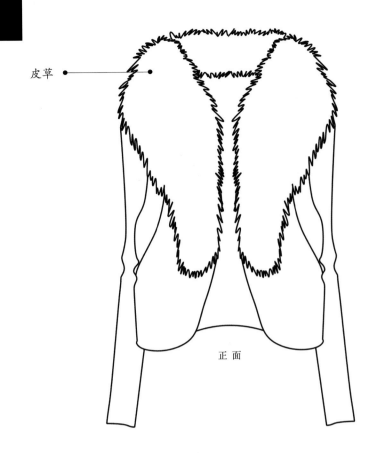

皮草

正 面

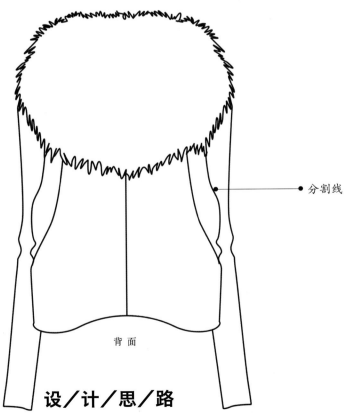

分割线

背 面

设／计／思／路

这是一款以皮草为主设计的上衣，简单的外形设计，打造出这款合体又时尚的皮草上衣。

皮草领拼接

三角羊角扣
斜插袋

正面

绗线 2.5cm

分割线

绗线 0.5cm

背面

拉链

正面

分割线

多处分割拼接

绗线 0.2cm

背面

30／皮草连衣裙

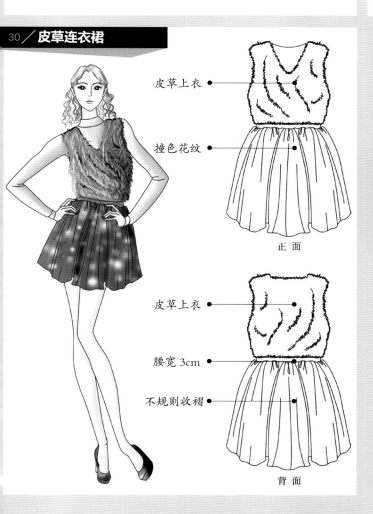

皮草上衣

撞色花纹

正面

皮草上衣

腰宽 3cm

不规则收褶

背面

黄色的皮草搭配上大红色的面料在视觉上十分抢眼，宽松的板型略有些休闲却不失可爱俏丽。

多余分割线装饰的皮革面料使用皮草拼接，采用结构感处理，看起来具有现代感和时尚感。

上身皮草背心的简单设计加上收身的皱褶短裙，既显俏致又不失奢华时尚。

设／计／思／路

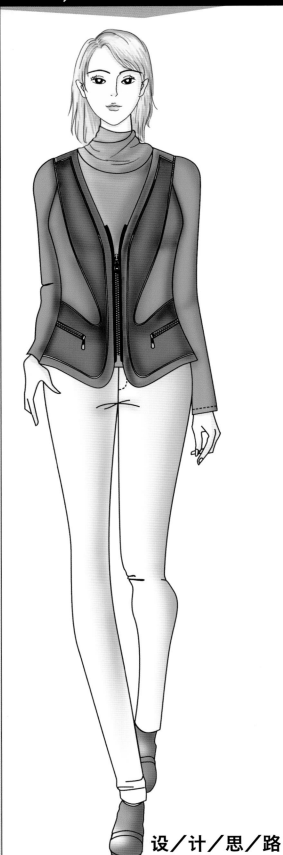

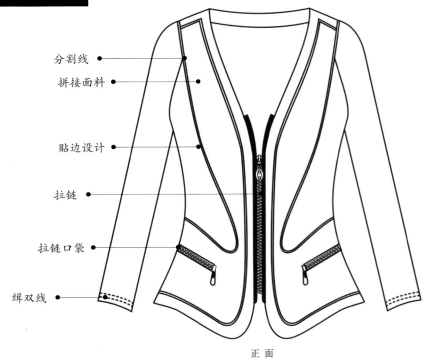

分割线

拼接面料

贴边设计

拉链

拉链口袋

缉双线

正 面

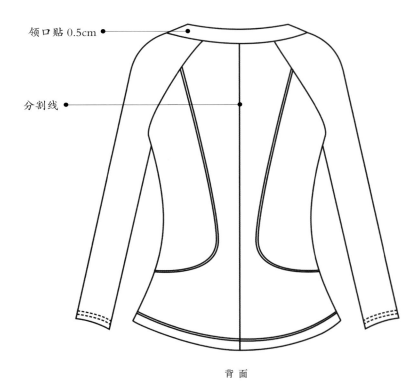

领口贴 0.5cm

分割线

背 面

设/计/思/路

大 "V" 字形领与简洁外形轮廓，搭配曲线的分割拼接和拉链装饰，是一款不可多得的时尚皮革上衣。

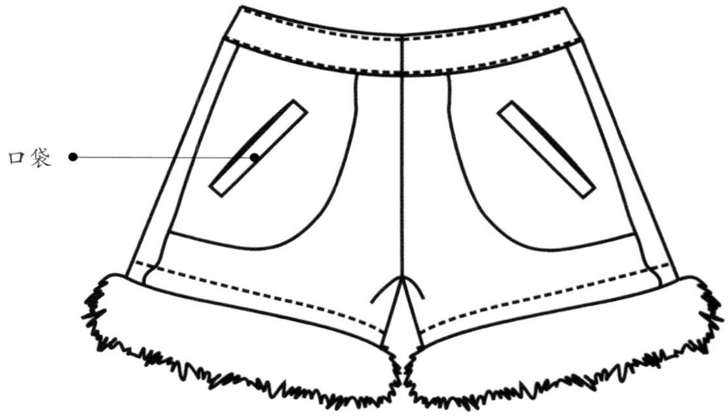

口袋 •

正 面

缉线 0.2cm •

口袋 •

明线 0.5cm •

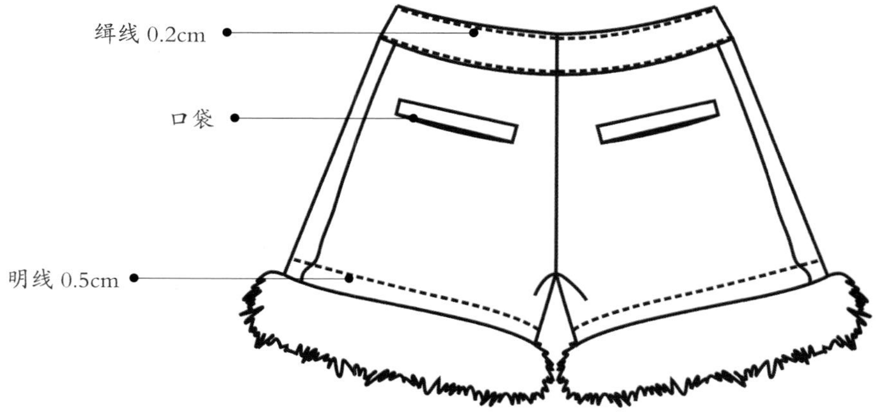

背 面

设／计／思／路

用较厚棉布面料来设计，在下摆处接
上一圈皮草为其带来视觉上的厚重感，
不显单调。

第七章 企业案例解读篇

第一节 服装设计企划书

一、品牌概况

1. 品牌名称

OUDYA 欧帝雅

2. 品牌类型

高级成衣

3. 商品品类

女装

4. 品牌理念

OUDYA 女装，阐述一种舒适的生活态度，推崇精致美丽的生活方式，让女性的潜意识得以释放，展现低调优雅的和谐自我，不物欲、不浮华，享受宁静格调，品味高尚人生。

5. 风格特点

OUDYA 女装，以时尚、高贵、独特的文化内涵引导人们高品位的生活方式。韩系风格为本品牌主要风格设计之一。时而简洁大方，时而贴身性感，时而又甜美可人，在造型上十分吸引人的注意力。OUDYA 女装不仅仅是一件衣服，而是通过时尚的款式设计，给穿着者带来艺术的传达，让其更具魅力和自信。

6. 消费人群

OUDYA 服饰风格简约、多变，将时尚品位与实用完美集于一体，较适合年龄在 20~38 岁的女性穿着，让女性在淡定中展现自信风采和独立品位，同时满足女性在生活中多个场合的着装需求。

7. 产品的价格定位

春夏装：200~1000 元（人民币）

秋冬装：350~5000 元（人民币）

8. 品牌标识

如图 7-1 所示

▲ 图 7-1 品牌标识

二、目标市场定位

1. 产品模式

如表 7-1 所示。

表 7-1 产品模式

品牌	OUDYA 女装	备注
产品类别	女装、鞋靴、帽子、围巾及饰品	女装为主要商品
主打产品	共两个系列。一个主打浪漫淑女，一个主打都市风格。例如韩式外套和风衣、糖果色的大衣和外套	2013 年秋冬系列的主打产品
畅销产品	糖果色风衣和皮衣	糖果色风衣色彩明艳，皮衣时尚都市感强，满足了大众需求
非畅销产品	OUDYA 女装某款放风夹克和短裤	衣服偏薄不适合秋冬热卖
价格战略	高质量低价格，少折扣战略	OUDYA 女装对比同质量的品牌在价格上低 20%~30%，更加亲民化
服饰搭配	一个简单的包包，时尚的鞋款或是一根细项链，都可以很好地与 OUDYA 的服装相搭配	最好避免同类色色彩上的搭配
服装风格	韩风	

2. 目标市场细分表

如表 7-2 所示

表 7-2 目标市场细分

中心年龄	25 ~ 35 岁
核心客户群	主要面向 20~38 岁的女士，其中以职场丽人为主，着力打造其青春靓丽又不失干练的气质形象
购买意识	强调性价比，在注重流行的基础上省钱
喜欢的空间	高档的商城、餐厅、剧院，富天然气息、令人心旷神怡的旅游胜地或旷野
工作观	收入稳定，拥有高尚职业，得到社会认可，积极乐观、憧憬未来
居住习惯	靠近闹市区，出行方便，房间简洁明朗，大多用一些艺术气息的装饰品，喜欢惬意的私人空间
着装习惯	大方得体，有个性，高品位；善于捕捉潮流资讯，但不盲目跟风，而是只选择适合自己的，衣橱更新比较快

3. 目标市场企划

主要目标市场为成熟女性（表 7-3），主要原因在于这个年龄段的女性购买能力较强，且衣着品位都偏时尚，要求高质量。

表 7-3 目标市场细分

对象年龄	成熟女性 60%，青年女性 40%
	成熟女性 28~40 岁（中心年龄 30~35 岁，心理年龄 35 岁）
	青年女性 18~28 岁（中心年龄 20~25 岁，心理年龄 22 岁）

4. 尺码

如表 7-4 所示。

表 7-4 尺码分配

尺码	S	M	L	XL
比例	10%	45%	35%	10%

注：M 和 L 码在调查中是所有身材比例最大的。

5. 营销策略

如表 7-5 所示。

表 7-5 营销策略

企划方面	以高效、高灵敏度的物流特色，设计师们精心准备了多款样式
经营方式	专卖店、百货店、加盟店、网上商城
促销方面	少量广告宣传，精美的店面形象都可作广告宣传
生产方面	最短时间半个月，最长则为 6 个月

营销策略是企业以顾客需要为出发点，根据经验获得顾客需求量以及购买力的信息、商业界的期望值，有计划地组织各项经营活动，通过相互协调一致的产品策略、价格策略、渠道策略和促销策略，为顾客提供满意的商品和服务而实现企业目标的过程。通过一定的营销策略，以人员和非人员的方法（人员促销、广告、公共关系、营业推广等），沟通企业与消费者的信息，引发、刺激消费者的消费欲望和兴趣、促使消费者了解、喜爱企业所提供的服务。

成功的市场营销活动不但需要制定适当的价格、选择合适的分销渠道向市场提供令消费者满意的产品，而且需要采取适当的方式进行促销。正确制定并合理运用促销策略是企业在市场竞争中取得有利的产销条件和取得较大经济效益的必要保证。

三、2013 秋冬 OUDYA 产品开发企划

1. 缤纷彩色系列

(1) 设计灵感　蔚蓝的大海、天空、游乐园中的多彩玩具，如梦幻般的缤纷多彩的世界。加上 2013 年大热的渐变染发色，仿佛突然给这世界添了不少色彩。童话般的色彩给人浪漫而温暖的视觉效果，如图 7-2 所示。

(2) 色彩设计 主要以粉色、淡蓝色、柠檬黄等缤纷糖果色来体现。同时运用色彩图案来装饰。装点出一个童话般的美丽少女梦。

(3) 面料特征 高支纱呢绒、精炼法兰绒、天鹅绒、多色股线的混合效果、云纹表面，花式捻纱的运用效果，紧密有弹性的针织物、毛麻节子纱织物、超柔软的斜纹布表面肌理效果明显，仿树皮质感，圈圈纱等。高支羊毛混纺织物、斜纹磨毛织物、混色雪花呢、以蓬松纱为结构的开司米、马海毛、兔毛、黏合精炼的法兰绒，以柔软手感，温暖感觉寻求安全及自我保护。

(4) 款式设计元素 主要以糖果色为面料色彩进行设计。浪漫的小细节，例如，蕾丝花边和荷叶边等装饰，将浪漫的气氛排到最高。运用褶皱或分割让款式达到休闲舒适且款式美观，可穿用性高等条件，大量的荷叶边和自由感的小花朵扑面而来，最好看的款式是或长或短的荷叶边连衣裙；褶皱领、褶皱效果和局部荷叶边，总体感觉塑造出时尚优雅的"花朵女人"；印花长罩衫，搭配新式的修身裤（瘦腿直筒裤、窄脚裤），但并不完全贴身。

(5) OUDYA 形象概念 如图 7-3 所示。

▲ 图 7-3 OUDYA 形象

（6）主打款式　如图
7-4 所示。

（7）款式特点，浪
漫优雅，款式新颖时
尚，板型合身，大方
得体。

（8）饰品设计　如图
7-5 所示。

（9）类似款式　如图
7-6 所示。

▲ 图 7-4　主打款式平面图

▲ 图 7-5　饰品设计

▲ 图 7-6　类似款式

⑩ 面料概念　如图 7-7 所示。

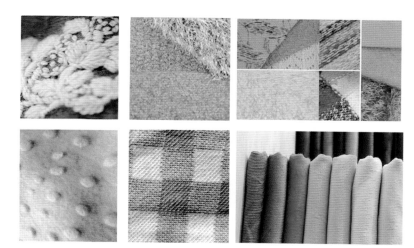

▲ 图 7-7　面料概念

⑪ 细节概念　如图 7-8 所示。

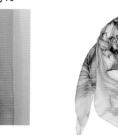

装饰的
订珠可以让
款式更甜美

蕾丝花边的装饰在带来
甜美的同时柔化了整个款式

漂亮的丝巾可以达到
很好的装饰效果

浪漫的荷
叶花边给人十
分甜美的感觉

夸张的项链可
以更加引人注目

▲ 图 7-8　细节概念

2. 都市生活系列

(1) 设计灵感　灵感来源于生活，时尚的都市生活，格调的家具品位，如图 7-9 所示，这个系列是为都市女性而设计的，不夸张、不绚烂，有的只是如同生活一般的格调和高品位。色彩十分安逸舒心。简洁、典雅、时尚、品位的设计理念，不断用创新精神为智慧、美丽、健康、积极向上、平衡、懂得放下的女人开发城市流行风尚，升华女性的魅力和生活品位。

(2) 色彩设计　主要以褐色、咖啡色和黑色等暗色系来设计，突出时尚感的生活品位。

▲ 图 7-9　都市生活设计灵感

(3) 面料特征　天然纤维的面料仍为首选，其中棉面料仍占主导地位。上季颇受青睐的棉与亚麻、大麻、竹纤维和其他植物纤维的混纺面料依然流行，但这一季棉与涤纶、锦纶和黏纤的混纺面料将会更加引领潮流，另外还有皮革面料和皮草毛料等。

(4) 款式设计元素　采用高贵、垂感好的面料制成的超迷你款的晨衣式样外套（例如羊毛、羊绒、阿尔巴卡、马海毛和真丝等），下摆扎在腰间，并饰有细腰带；修身套装，柔软的上衣搭配悬垂感的长裤；优雅短小的殖民地式风格，整洁的猎装上衣搭配宽松口袋连衣裙，体现休闲、优雅而现代的风格（面料主要采用锦纶或锦纶混纺的华丽面料，织物结构小，有明显的浮雕图案）；超大开襟毛衫和宽大的真丝套头衫，精致得几乎透明的针织衫表现出纯净、修身、优雅的整体感；古罗马长袍风格体现在多款服装中，例如连衣裙、背心等，褶皱和包身的细节运用在精致轻薄的麻、棉纱、亚光薄绉纱面料上或仿佛熨坏的效果的褶皱表面。

(5) OUDYA 形象概念　如图 7-10 所示。

▲ 图 7-10　OUDYA 都市形象概念

⑹ 主打款式 如图 7-11 所示。

▲ 图 7-11 都市主打款

⑺ 款式特点 设计简约大方,分割线多,且显干练,适合都时女性,如图 7-10 所示。

⑻ 饰品设计 如图 7-12 所示。

▲ 图 7-12 都市主题饰品设计

(9) 类似款式　如图 7-13 所示。

(10) 面料概念　如图 7-14 所示。

▲ 图 7-13　都市主题类似款式

▲ 图 7-14　都市主题面料概念

(11) 细节设计　如图 7-15 所示。

表现立体感
和设计的褶皱，
装饰蝴蝶结

装饰性腰带设计

帅气的
饰品可以帮
服装提高个
性度，加深
美感

局部分割皱褶设
计使服装看起来更具
时尚感

194

▲ 图 7-15　都市主题细节设计

四、时间数量规划

1. 2013秋冬货品款式下单计划

如表7-6所示。

表7-6 2013秋冬货品款式下单计划

季节	上装				连衣裙	下装				
	针织	外套	风衣	编织	连衣裙	长裤	九分	靴裤	短裤	短裙
秋季 130款	10	35	30	15	10	10	5	5	5	5
小计	100					30				
冬季 120款	大衣	外套	羽绒	棉衣	皮草	编织	长裤	九分	靴裤	短裤	短裙
	20	15	20	20	15	15	8	5	2	0	0
小计	105					15				
总计	205					45				

2. 面料材质规划

如表7-7所示。

表7-7 面料材质规划

类别		时尚高贵	时尚优雅	时尚休闲
秋季	针织	(1) 33% 莱赛尔，33% 腈纶，34% 粘纤 (2) 50% 羊毛，50% 涤纶	(1) 60% 丝光羊绒，40% 莱赛尔 (2) 50% 羊毛，50% 涤纶	(1) 60% 丝光羊绒，40% 莱赛尔 (2) 50% 羊毛，50% 涤纶
	梭织	(1)具悬垂性的混纺面料 (2)精纺毛呢 (3)浮雕效果的提花面料 (4) OUDYA 图案的精纺 (5)素色及印花针织	(1)精细低弹效果的纯棉 (2)亮光效果的记忆丝 (3)提花记忆丝 (4)混纺外套风衣料 (5)素色及印花针织	(1)记忆丝 (2)精细弹力牛仔 (3)横条及素色针织 (4)亮光硬挺效果混纺料
冬季	针织	(1) 30% 羊绒，70% 羊毛 (2) 30% 羊绒，70% 羊毛 (3) 100% 羊毛 (4) 100% 羊绒	(1) 30% 羊绒，70% 羊毛 (2) 30% 羊绒，70% 羊毛 (3) 100% 羊毛 (4) 100% 羊绒	(1) 100% 羊毛 (2) 30% 羊绒，70% 羊毛
	梭织	(1)素色粗纺毛呢 (2)浮雕效果的提花毛呢 (3)针织弹力裤料	(1)粗纺格子毛呢 (2)棉混纺面料 (3)记忆丝棉衣料	(1)记忆丝棉衣料 (2) 100% 涤纶棉衣料 (3)弹力牛仔料

3. 商品单价

如表 7-8 所示。

表 7-8 商品单价

类别	最低价 / 元（20%）	适中价 / 元（60%）	最高价 / 元 (20%)
常规毛衫	320	450	750
中长毛衫	450	690	980
T 恤	150	350	485
外套 / 风衣	500	720	1300
毛呢大衣	800	1200	1500
连衣裙	329	580	850
短裙	330	560	780
棉衣	530	850	1350
羽绒	650	1130	1590
长裤 / 靴裤	350	620	790

4. 开发成本预算

如表 7-9 所示。

表 7-9 开发成本预算

类别	2013 冬季	合计费用
面料样版费	(1)纱线：100 款 ×120 元 / 均价 ×3 色 (2) 梭 织：300 款 ×2 色 ×8m ×45 元 / 均价	252,000 元
辅料样板费	(1)里布 5 款 ×5 色 ×20m ×10 元 /m=5,000 (2) 配 布 15 款 ×3m ×2 色 ×45 元 /m=30,375 (3)拉链、纽扣、钻石、珠片及其他约 1500 元	36,875 元
毛织及梭织样衣	(1) 针 织 15 款 ×1000 元 / 件 =10,000 (2) 梭 织 50 款 ×2000 元 / 件 =70,000	80,000 元
书本资讯	(1)专业资讯 8 本 ×1000 元 / 本 =8,000 (2)时装杂志 100 本 ×20 元 / 本 =2,000	10,000 元

表 7-9 开发成本预算　　　　　　　　　　　　　　　　　　　　　　续表

类别	2013 冬季	合计费用
差旅 / 考察费	(1)日韩市场考察 2 次 ×3 人 ×6000 元 / 人 =36，000 (2)香港市场考察 / 国内市场考察共约 10，000 元	46，000 元
开发人员配置	总监 1 人，设计主管 1 人，针织设计：2 人 梭织设计 2 人，设计助理 3 人，板师 2 人，车板 4 人	900，000 元
办公费用	文具、工具、纸张，打印纸、打印机、扫描仪等	50，000 元
其他费用	其他无法预测及临时性费用	100，000 元
总计	1474，875 元	

5. 产品开发时间规划

如表 7-10 所示。

表 7-10　产品开发时间规则

OUDYA 女装 2013 秋冬季开发制作进度量化表								
时间	设计图		制作样衣		审板通过数（成功率定为 60%）		复板及齐色板	
	针织	梭织	针织	梭织	针织	梭织	针织	梭织
11 月		50						20
12 月	40	50	25		10	20	25	30
01 月	45	120	35		20	50	30	20
02 月	25	40	30		30	60	50	40
03 月		50	30		20	30	25	35
04 月			25					
合计	110	310	145		80	160	130	145
参加订货	订单 300 款，下单 270 款							

6. 货品色彩波段

如表 7-11 所示。

表 7-11 货品色彩波段

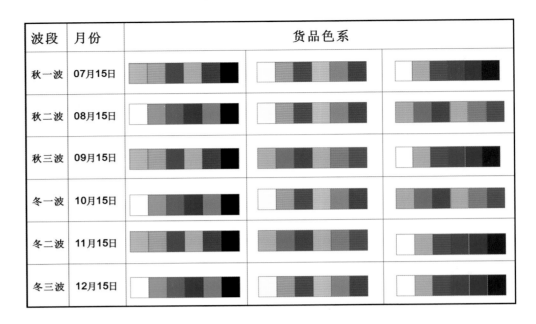

波段	月份	货品色系		
秋一波	07月15日			
秋二波	08月15日			
秋三波	09月15日			
冬一波	10月15日			
冬二波	11月15日			
冬三波	12月15日			

五、卖场橱窗设计

1．店面选址

一个城市的布局，会形成若干中心，如行政中心、商业中心、娱乐中心、教育中心等，人流在进行特定活动时会趋向于特定的区域。

服装消费属于耐用品消费，尤其是品牌服饰，具有一定的消费档次，消费者为了买到称心如意的商品会相对不惜体力和时间，其商圈范围相对会大些，所以店铺首先要选择交通便利、周围商业氛围浓厚的地点就显得十分重要。

在服装品牌消费中也由于档次差异，对于商圈的选择就尤为重要。

2．专卖店的本身的条件

(1) 店铺的形状　一般形状比较规则的店铺会相对比较好陈列、好装修 (图 7-16)。但是一些特殊形状的店铺，也可以起到标新立异的效果，可以吸引追求时髦与潮流的顾客。这些就要在设计技巧上相当用心，所以在店铺实地测量的时候一定要表述清楚，让品牌的形象设计师为单个店铺添加招引人气的风采。

(2) 店门的大小　店铺的门首先要大，这是为了使店铺提高顾客的接待量，才子佳人的店铺比较适合选择双门头，主门开在左侧会对生意更好，如果店铺在一个拐角处，面对两条街道，前后开两个门会是更好的选择。

▲ 图 7-16 陈列细节

六、海报广告设计

大幅的海报宣传，需要将海报张贴到人流密集且起眼的地方，这样才能起到一定的效果，吸引人的眼光（图 7-17）。

七、购物袋和吊牌设计

▲ 图 7-17 OUDYA 海报宣传

一个品牌的吊牌和购物袋往往代表品牌本身的风格和品质，使用环保材质做成的环保袋的质量和款式是十分有市场价值的，既在一定意义上为环保做了贡献，又能起到一定的宣传环保和品牌本身的高端气质（图 7-18）。

▲ 图 7-18 购物袋与品牌设计

八、OUDYA 品牌服装生产工艺单

如表 7-12 所示。

表 7-12 服装生产工艺单

客户				订单编号			款式	短袖衬衫
款号	C000098	订单数量	2900	下单日期				
面料		生产单号		交货日期		辅料用量		
面料成分				季节号				

尺寸规格（单位：cm）						款式图		
颜色	S	M	L	XL	合计			
黑色					800			
棕色					600			
红色					800	正面　　　　背面		
白色					700			
比例	2	3	4	2				
合计	请按以上比例分配				2900			

部位	度量方法	S	M	L	XL	部位	度量方法	S	M	L	XL
衣长	领肩点至下摆边	54.5	56	57.5	59	肩宽	两肩点量	37	38	39	40
领围	内领弧长	35	36	37	38	胸围	全围	88	92	96	100
腰围	全围	72	76	80	84	摆围	下摆顺量	89	93	97	101
袖长	袖山顶点至袖口	20.5	21	21.5	22	袖肥	全围	30.4	32	33.6	35.2
袖口	全围	27	28	29	30						

工艺要求	
裁床	面料先缩水，松布后 24 小时开裁，避边差、段差、布疵。大货测试面料缩率后按比例加放后方可铺料裁剪。倒插排料单件一个方向
粘衬部位（落朴位）	翻领、领座、门襟粘衬。粘衬要牢固，勿渗胶
用线	用配色细线　　针距：细线 2.5cm，12 针
缝份	整件缝份按 M 码样衣缝份制作，拼缝顺直平服，所有明线线路不可过紧，压线要美观、拼合缝要平服、不可起扭、线距宽窄要一致
前片	1. 前中按对位标记收碎褶。褶距均匀，左右对称 2. 门襟按实样包烫，门襟顺直平服，不可毛口。门襟底面缝线间距要一致 3. 前侧与前中分割缝拼合自然顺畅、平服
后片	后侧与后中分割缝拼合自然顺畅、平服
下摆	下摆按烫印缉 0.6cm 线，压线圆顺，不可有宽窄、起扭、不可露缝份

表 7-12 服装生产工艺单 续表

工艺要求	
领子	1. 翻领和领座均按实样包烫，翻领底面做运反，底领稍带紧，做好领自然后翻，领翻领一周压 0.6cm 宽单线，不可露缝份或底掉线 2. 用领实样装领座，修剪好缝边，装好领座两头圆顺，左右对称 3. 按领弧线上的对位标记装领，一周压明线，底面缝份间距一致，装好领圆顺，左右对称，两头不可有"戴帽"现象或露装领线
袖子	1. 按袖窿弧线和袖山弧线上的对位标记绱袖，袖山顶部按对位标记收褶，褶距均匀，左右对称 2. 袖口按对位标记与袖克夫缝合，袖口按对位标记收褶，褶距均匀，左右对称 3. 袖口一周缉 0.1cm 明线，完成平服不可有宽窄
整体要求	整件面布不可驳线、跳针、有污渍等，各部位尺寸跟工艺单尺寸表
商标吊牌	1. 商标用配色线车于后中下 2cm 处 2. 尺码标车于商标穿起左侧居中 3. 成分标车于穿起左侧里布上 12cm 处
锁订	1. 平眼 ×6（要牢固，位置要准） 2. 纽扣 ×6
后道	修净线毛，油污清理干净，大烫全件按面料性能活烫、平挺，不可起极光
包装	单件入一胶袋，按分码胶袋包装，不可错码
备注	具体工艺做法参照纸样及样衣，如做工及纸样有疑问，请及时与跟单员联系

面 / 辅料用量明细表

款示	衬衫	面料主要成分		款号		C0000028
名称	颜色搭配	规格(M #)	单位	单件用量	用法	款示图（正面）
面料	白色		m			
	红色		m			
	蓝色		m			
	花色		m			
衬布	白色		m			
纽扣	白色	16#	粒	6	前中	
商标			个	1		
尺码标			个	1		款式图（背面）
成分标			个	1		
吊牌			套	1		
包装胶袋			个	1		

表7-12 服装生产工艺单　　　　　续表

具体做法请参照纸样及样衣					辅料实物贴样处	
大货颜色	下单总数	用线方法				
白灰	800	面料色	面线	底线		
红色	600					
蓝色	600					
花色	600					
备注						
设计部			技术部		样衣制作部	
材料管理部			生产部		制作日期	

第二节　服装设计师必备的十大职业能力

一、丰富的想象力

　　独创性和想象力是服装设计师的翅膀。没有丰富想象力的设计师，技能再好也只能称为服装绘图员，而不能称之为真正的服装设计师。设计的本质是创造，设计本身就包含了创新、独特之意。现代生活方式都可以给服装设计师很好的启迪和设计灵感。丰富的想象力和独创的精神是服装设计师的宝贵财富。

二、独特的审美能力

　　服装设计必须不断提高审美能力，树立起自我独特的审美观。审美能力是指人们认识与评价美、美的事物与各种审美特征的能力。服装设计师要通过对自然界和社会生活的各种事物和现象作出审美分析和评价时所必须具备的感受力、判断力、想象力和创造力。培养和提高审美能力是非常重要的。审美能力强的人能迅速地发现美、捕捉住蕴藏在审美对象深处的本质性东西，并从感性认识上升为理性认识，只有这样才能去创造美和设计美。单凭一时感觉的灵性而缺少后天的艺术素养的培植，是难以形成非凡的才情底蕴的。

三、服装绘画能力

　　绘画与造型能力是服装设计师的基本技能之一。当然，也有个别服装设计名师不会服装绘画的，但他们需要在其他方面有更杰出的表现。只有具备了良好的绘画基础才能通过设计的造型表现能力以绘画的形式准确地表达设计师的创作理念，另一方面在设计图的绘制过程当中，也更能体会到服装造型中的节奏和韵律之美。服装本身是人体的外部覆盖物，与人体有着密切的关系。作为服装设计师，只有对人体比例结构有准确、全面的认识，才能更好地、立体地表达人体之美，这是设计的基础。

四、模仿学习能力

服装设计师要善于在模仿中学习提高自身素质和技能。中国的服装企业80%以上都是买手型企业，这些服装企业都不需要原创设计，基本是将欧美、日韩及我国港台地区一些正在流行服装的服装风格和流行元素抄过来进行二次改进设计的。模仿从行为本身来看，它不能彻底地表现出自己的技术或能力有多好，但是，许多成功的发明或创造都是从模仿开始的，模仿应该视为一种很好的学习方法。服装设计师要有意识地模仿流行服装的设计技巧和风格，以此来培养感觉和练习技巧，最终发现自己的长处，并且形成自己的设计风格。

五、对款式、色彩和面料的掌握能力

服装的款式、色彩和面料是服装设计的三大基本要素。服装的款式是服装的外部轮廓造型和部件细节造型，是设计变化的基础。服装的色彩变化是设计中最醒目的部分。服装的色彩最容易表达设计情怀，同时易于被消费者接受。服装的每一种色彩都有着丰富的情感象征，给人以丰富的内涵联想。除此之外，色彩还有轻重、强弱、冷暖和软硬之感等，

当然，色彩还可以让我们在味觉和嗅觉上浮想联翩。不同质地、肌理的面料的完美搭配，更能显现出设计师的艺术功底和品位。服装款式上的各种造型并不仅仅表现在设计图纸上，而是用各种不同的面料和裁剪技术共同完成的。熟练地掌握和运用面料设计才会得心应手。熟练掌握和运用服装面料特质是一位成熟的设计师应该具备的重要条件。设计师首先要体会面料的厚薄、软硬、光滑粗涩、立体平面之间的差异，通过面料不同的悬垂感、光泽感、清透感、厚重感、弹力、垂感等，来悉心体会其风格和品牌的迥异，并在设计中加以灵活运用。服装的款式、色彩和面料这三要素缺一不可，是设计师必须掌握的基础知识。对款式、色彩、面料基础知识的掌握和运用在一定程度上能反映出一个设计师的审美情趣、品位和设计功底。

六、良好的服装工艺技术能力

服装制板、工艺技术是服装设计师必须掌握的基本技能之一。服装制板是款式设计的一部分，服装的各种造型其实就是通过裁剪和尺寸本身的变化来完成的。如果不懂服装结构和工艺，设计只能是"纸上谈兵"。不要以为制板只是制板师的事情，只会画效果图、不懂制板的设计师肯定不是一个完美、成熟的设计师。不懂服装结构变化，设计就会不合理、不成熟，甚至无法实现。

工艺也是服装设计的关键，不懂得各种缝制技巧和方法，也会影响我们对结构设计和裁剪的学习。缝制的方式和效果本身也是设计的一部分，不同的缝制方式能产生不同的外观效果，甚至是特别的面料肌理效果。有时服装设计是要借助"缝纫效果"来表达设计语言的。

七、服装市场营销的能力

服装设计师最终要在市场中体现其价值。只有真正了解市场、了解消费者的购买心理，掌握真正的市场流行，并将设计与工艺构成完美地结合，配合适当的行销途径，将服装通过销售转化为商品被消费者接受，真正体现其价值，才算成功完成了服装设计的全部过程。包括品牌的风格、市场定位、竞争品牌的概况、每季不同定位的服装设计风格的转变、不同城市流行的差异、所针对消费群对时尚和流行的接受能力等，还要清楚应该何时推出新产品、如何推出、以何种价格推出等问题，设计师的工作更多时候要紧盯市场变化、不断研究和预测市场流行，准确地把握公司品牌的定位和风格。经过这些实践和经历，你才能成为一名合格的服装设计师。

八、细腻敏锐的观察能力

作为一名服装设计师要有对服装具有敏锐的观察力。有些服装设计师缺乏明晰的思路、敏锐的观察力以及整体的思维能力，就会出现不能适应设计师工作的情况。怎样去主持一个品牌设计，要靠设计师较强的综合能力和对服装敏锐的观察力，这不仅需要技术上的创意，还需要用理性的思维，去分析市场，找准定位，有计划地操作、有目的地推广品牌。所以，如何做出你的品牌风格，使目标消费者穿得时尚；如何吸引你的顾客，扩大市场占有率，提高品牌的品位，增加设计含量，获得更大的品牌附加值，创造品牌效应，是服装设计师应具备的基本素质与技能。

九、计算机辅助设计能力

随着计算机技术在设计领域的不断渗透，无论在设计思维和创作的过程中，计算机已经成为服装设计师手中最有效、最快捷的设计工具，特别是服装企业中对服装设计、服装制板、推板、排料、绣花纹样、印花纹样等都是靠计算机来完成的。服装设计师必须熟练地运用 CorelDRAW、Photoshop、Illustrator、3DVSD 衣图三维可视服装款式设计系统（由深圳市广德教育科技有限公司开发）等绘图软件，运用计算机辅助设计技术可以方便地编辑、修改和绘制你的图形，拓宽你的设计表现方式、加快设计速度。特别是 3DVSD 系统，拥有强大的服装专业素材库、三维人体素材库、专业服装绘图工具箱、种类繁多的画笔、极具感染力的着色效果和滤色效果，可以使你的计算机设计作品魅力非凡、效果更加逼真。

十、沟通和协调能力

服装设计师要想顺利地、出色地完成设计开发任务，使自己设计的产品产生良好的社会效益和经济效益，离不开与方方面面相关人员的紧密配合与合作。例如，设计方案的制定和完善需要与公司决策者进行磋商；市场需求信息的获得需要与客户以及消费者进行交流；销售信息的及时获得离不开营销人员的帮助；各种材料的来源提供离不开采购部门的合作；工艺的改良离不开技术人员的配合；产品的制造离不开工人的辛勤劳动；产品的质量离不开质检部门的把关；产品的包装和宣传离不开策划人员的努力；市场的促销离不开营销人员的付出。

因此，服装设计师必须树立起团队合作意识，要学会与人沟通、交流和合作。这方面的能力，需要在校学习期间就开始注意锻炼和培养，并努力使之成为一种工作习惯，这对今后顺利高效开展工作会十分有益。

第三节　服装企业产品开发部人员工作职责介绍

一、产品开发部工作职责

(1) 根据公司总体战略规划及年度经营目标，围绕商品部制订的产品计划，制订公司各服装品牌的年度产品开发计划（如款式开发计划、打板计划等），并按计划完成设计、打板等任务。

(2) 对公司现有产品与营销中心沟通，进行销售跟踪，根据市场反馈情报资料，及时在设计上进行改良，调整不理想因素，使产品适应市场需求，增加竞争力。

(3) 负责组织产品设计过程中的设计评审，设计验证和设计确认。

(4) 负责相关技术、工艺文件、标准样板的制定、审批、归档和保管。

(5) 建立健全技术档案管理制度。

(6) 负责与设计开发有关的新理念、新技术、新工艺、新材料等情报资料的收集、整理、归档。

二、产品开发部编制

产品开发部一般设主任1人，副主任1人，首席设计师2人，技术主管1人，其他职位视工作需要增减。

三、产品开发部各岗位职务说明

（一）产品开发部主任职务说明

(1) 职务名称：产品开发部主任（或称总监、总经理、经理等）。

(2) 直接上级：总经理

(3) 直接下级：首席设计师、技术主管

(4) 管理权限：受总经理委托，行使对产品开发业务的指挥、调度、审核权，对本部门员工的管理权。

(5) 管理责任：对产品开发部工作职责履行和工作任务完成情况负主要责任。

(6) 具体工作职责：

① 负责公司各品牌的定位、形象、风格的制定，各季产品的开发并组织实施，对公司各品牌产品的畅销负重要责任。

② 每年在第一季前应制定第二年的产品风格及结构，三月份交营销总监审核，营销部、产品部、开发部三方共识进行投入设计及试制。

③ 每季新产品样板必须提前半年试制完成交营销部审核。

④ 负责对部门内人员进行培训、考核。

⑤ 负责开发部日常工作的调度、安排，协调本部门各技术岗位的工作配合。

⑥负责样板、衣样、制单工艺技术资料的审核确认、放行。

⑦负责组织力量解决样板、缝制工艺技术上的难题。

⑧负责与营销沟通，提高所开发的产品的市场竞争能力。

⑨负责与生产部门沟通，保证所开发的产品生产工艺科学合理，便于生产质量控制，有利于降低生产费用。

⑩负责组织本部门员工对专业技术知识和新工艺技术的学习，不断提高整体技术水平。

⑪负责制订本部门各岗位的工作职责、工作定额、工作规章制度，并负责检查、考核。

(7) 职务要求（任职资格）

①大专以上学历，服装专业。

②丰富的实际工作经验，从事设计、技术、服装生产管理职务五年以上。

(8) 副主任协助经理工作，对分管的工作负责。

（二）产品开发部副主任职务说明

(1) 职位名称：产品开发部副主任

(2) 直接上级：产品开发部主任

(3) 直接下级：技术主管、制板师、工艺员、推板员、设计助理、裁剪工、样衣工等。

(4) 管理权限：受主任委托，全面负责分管产品开发部的日常工作管理任务。

(5) 管理责任：对板房工作职责履行和板房的工作任务完成情况负主要责任。

(6) 具体工作职责：

①负责制定板房生产作业计划并组织实施。

②负责对板房人员的培训、考核。

③负责板房日常工作的调配、安排、协调本部门各技术岗位人员以及同设计人员的工作配合。

④负责解决样板、车板工艺技术上的难题。

⑤负责对生产质量的前提控制。

⑥负责样板、样衣、工艺生产单和其他工艺文件的审批、确认、放行。

（三）首席设计师职务说明

(1) 职位名称：首席设计师

(2) 直接上级：产品开发部经理

(3) 直接下级：设计师、助理

(4) 管理权限：受经理委托，全面负责分管设计部门的日常工作管理任务。

(5) 管理责任：对设计部门工作职责履行和设计部门的工作任务完成情况负主要责任。

(6) 具体工作职责：

①负责制订设计作业计划并组织实施。

②负责设计人员的培训、考核。

③负责设计部门的日常工作调配、安排、协调本部门各人员以及同板房的工作配合。

④负责组织解决设计存在的薄弱环节。

⑤负责把握公司品牌服装的风格与定位，并着重提前开发每季度的服装款式。

⑥负责组织本部门人员对市场的调查及提前掌握每年的流行趋势，以确定本品牌服装的设计方向。

⑦负责跟踪所开发的产品与市场流行趋势相吻合。

⑧负责对设计师所设计的图纸进行审核、确定、放行。

（四）设计师职务说明

(1) 职务名称：设计师

(2) 直接上级：首席设计师

(3) 工作职责：

①了解市场流行趋势，根据公司品牌的风格与定位及消费者的需要进行设计。

② 按计划负责设计完成款式效果图。

③ 负责对自己设计款式的要求做好打样前所需的资料等工作。

④ 对初板的审定跟踪以及确定款式、打板。

⑤ 配合样板师对款式的尺寸及工艺要求的确定。

（五）设计助理员职务说明

(1) 职务名称：设计助理员

(2) 直接上级：首席设计师

(3) 工作职责：

① 根据设计师的要求，负责描图、配色、调色等辅助设计工作。

② 收集主、辅料市场信息，受设计师指派采购合适的主、辅料。

③ 设计图纸、资料收集、整理、归档、保管。

④ 负责"确定样板"的登记归档和保管。

⑤ 领导交办的其他工作。

（六）样板师职务说明

(1) 职务名称：样板师

(2) 直接上级：板房主管

(3) 工作职责：

① 按设计师的要求做出新板，经审核批板后，则规范画出实样（含修剪样）。

② 负责每个新板的正确尺寸及效果的确定。

③ 负责做到对不同质地、不同肌理的面料，对样板做出不同的细节处理。

④ 负责对裁板、车板过程中所发现的异常问题的沟通和解决。

⑤ 按要求填好各新板的表格、制单等，并存档留底。

⑥ 在工作过程中，必须直接与设计师配合，沟通解决所出现的问题。

（七）工艺师职务说明

(1) 职务名称：工艺师

(2) 直接上级：板房主管

(3) 工作职责：

① 工艺制单设计要求对各个部位详细列明要求透彻到位。

② 样板、工艺单、样板要经副经理审批，经理批准方可下到裁床和车间。

③ 针对新款核查唛架，准确用料，其中会经纬纱线路、唛架空间、核查裁片（辅助副经理工作）。

④ 负责各款制单，样板存档留底，不可以散乱丢失，以备查询。

⑤ 负责制订生产工艺流程、作业指导书；制订材料消耗工艺定额、标准工时定额。

⑥ 开货前负责详细讲解各部位工艺要求，包括其可能出现的问题，并将其贴在样板上。

⑦ 抽查车间成品，尾部成品尺码是否准确，杜绝错码现象。

（八）裁板工职务说明

(1) 职务名称：裁板工

(2) 直接上级：板房主管

(3) 工作职责：

① 负责新板面料（含新款各色面料）必须先试出各缩水率，放出硬样，确保大货尺码准确，在工艺单上注明缩水率。

② 核实样衣，样板的块数是否一样。

③ 根据样板要求正确裁片好每一件样板。

④ 核实样衣用料，做好各项要求的记录工作。

⑤ 协助车办的配片工作及布匹的退仓处理工作。

（九）车板工职务说明

(1) 职务名称：车板工

(2) 直接上级：板房主管

(3) 工作职责：

① 必须严格根据样板师要求，准确制作工艺，及时节出新款，并要求做好

工艺流程、每道工序的详细记录，并把需注意的地方作一个重点说明。

② 对自己产品必须自检自量，以最好的质量交办。

③ 在制作过程中发现存在异常必须及时与样板师或主管沟通解决。

（十）板房助理员职务说明

(1) 职务名称：板房助理员

(2) 直接上级：板房主管

(3) 工作职责：

① 资料图片的复印。

② 成品样办进出登记、签收程序。

③ 面料、物料领用登记。

④ 样板的保管，样衣样板的归档。

⑤ 完成每月统计表。

⑥ 负责协助板房的日常工作管理。

四、产品开发部员工绩效考核评分标准

（一）产品开发部经理绩效考核评分标准

如表 7-13 所示。

表 7-13 产品开发部经理绩效考核评分标准

考核项目	评价及计分标准	评分比例	备注
月工作计划	28 日前报送工作计划，未按时报送扣 5 分；工作目标、责任人、时间等计划不周酌情扣 0~5 分	10 分	
综合任务完成率	$\dfrac{完成板数}{计划板数} \times 20$	20 分	
计划进度达成	每款设计任务没按计划进度完成扣 2 分；每款打板任务没按计划进度完成扣 2 分	20 分	
工作质量（与销售挂钩）	$\dfrac{本月实际回款额}{本月计划回款额}$	40 分	
员工管理和组织纪律	要求建立一支学习型、高效、有纪律的团队，每有一个下属部门、下属员工工作绩效在平均线（80 分）以下扣 1 分；连续三个月不能提长平均线下的员工业绩扣 10 分；要求带头模范遵守公司各项规章制度，每有一次违反扣 1 分	10 分	

（二）板房主管绩效考核评分标准

如表 7-14 所示。

表 7-14 板房主管绩效考核评分标准

考核项目	评价及计分标准	评分比例	备注
综合任务完成率	$\dfrac{完成板数}{计划板数} \times 30$	30 分	
每日单款打板任务完成（计划外）	每款打板任务没按时完成扣 5 分	20 分	
工作质量	审核放行后的样板、样衣、制单工艺，每出一次差错，扣 2 分，出一次严重差错，扣 10 分	20 分	
部门沟通协调	凡属应由板房部门与其他部门沟通而未及时沟通的，每出现一次扣 2 分	10 分	
技术资料管理	完整规范满分；丢失、损坏、遗漏、不规范的酌情扣 2 分	10 分	
员工管理和组织纪律	要求建立一支学习型、高效、有纪律的团队，每有一个下属员工工作绩效在平均线（80 分）以下扣 1 分；连续三个月不能提升平均线下的员工业绩扣 10 分；要求带头模范遵守公司各项规章制度，每有一次违反扣 1 分	10 分	

（三）首席设计师绩效考核评分标准

如表 7-15 所示。

表 7-15 首席设计师绩效考核评分标准

考核项目	评价及计分标准	评分比例	备注
综合任务完成率	$\dfrac{完成款数}{计划款数} \times 30\%$	30 分	
单款任务完成	每款设计任务没按时完成，扣 5 分	10 分	
设计质量 (1)	要求交板房制初板的图纸资料齐全、准确，从修改第二项开始计算，每修改一次扣 2 分（以扣分最多一款为准）	10 分	
设计质量 (2) 与销售挂钩	$\dfrac{本月实际回款额}{本月计划回款额} \times 30$	30 分	
部门沟通协调	凡属应由设计部门与其他部门沟通而未及时沟通的，每出现一次扣 2 分	10 分	
技术资料管理	完整规范满分；丢失、损坏、遗漏、不规范的酌情扣 2 分。	5 分	
员工管理和组织纪律	要求建立一支学习型、高效、有纪律的团队，酌情扣 0~3 分；要求带头模范遵守公司各项规章制度，每有一次违反扣 1 分	5 分	

（四）设计师绩效考核评分标准

如表 7-16 所示。

表 7-16　设计师绩效评分标准

考核项目	评价及计分标准	评分比例
综合任务完成率	$\dfrac{完成款式图}{计划款式图}\times30$	30 分
单款任务完成（工作效率）	每款设计任务没按进度计划按时完成扣 2 分	15 分
设计质量 1（一次交款合格率）	要求交板房制初板的图样资料齐全、准确，从修改第二次开始计算，每修改一次扣 2 分（以扣分最多的一款为准）	10 分
设计质量 2（与销售挂钩）	作品回款额／标准回款额 ×30 标准回款额 ＝ $\dfrac{计划回款额}{设计师人数}$× 调整系数 调整系数在每月上旬由开发部经理根据由于设计师流动等客观原因，造成当前销售款式与设计师作品上市的时间差异合理确定，若新设计师当月无作品上市，则该项计分分配到综合任务完成率	30 分
岗 位 协 调	凡属应由设计师与其他部门沟通而未能沟通的，每出现一次扣 2 分	10 分
组 织 纪 律	模范遵守各项规章制度，每有一次违反扣 1 分	5 分

（五）设计助理员绩效考核评分标准

如表 7-17 所示。

表 7-17　设计助理员绩效考核评分标准

考核项目	评价及计分标准	评分标准
交办工作	按时、保质、保量完成领导和设计师交办的描图、配色、调色、市场找料等工作。每有一次未按时完成扣分，工作质量通过走访或问卷调查酌情扣分	60 分
技术档案管理	按质量体系文件要求归档、保管设计图纸、"确认样板"和其他技术资料，依检查结果酌情扣分	20 分
服务态度	走访或问卷调查，视满意度酌情扣分	10 分
劳动纪律	遵守各项规章制度，每有一次违反扣 2 分	10 分

（六）工艺师（员）绩效考核评分标准

如表 7-18 所示。

表 7-18 工艺师（员）绩效考核评分标准

考核项目	评价及计分标准	评分比例
工艺制单	要求及时、准确，每有一单完成不及时扣 5 分；制单不详细到位每发现一项扣 1 分；制单错误，每有一单扣 10 分；造成生产浪费损失扣 40 分	40 分
工艺文件	生产工艺流程、作业指导书、材料消耗定额、标准工时定额等工艺文件制订齐全、科学合理。走访或问卷评审、酌情扣分	30 分
产前指导和产中抽查	按职务说明书要求，每有一款工作不到位扣 2~5 分	20 分
劳动纪律	遵守各规章制度，每有一次违反扣 2 分	10 分

（七）样板、裁板、车板人员绩效考核评分标准

如表 7-19 所示。

表 7-19 样板、裁板、车板人员绩效考核评分标准

考核项目	评价及计分标准	评分比例
月任务完成	$\dfrac{完成板数}{计划板数} \times 40$	40 分
每天任务完成	要求按板房主管调度命令完成当日工作，不能按时完成，每有一次扣 4 分	20 分
工作质量	1. 按放行的图纸资料制的样板、裁片、衣样，每出错返工一次扣 2 分 2. 已放行生产板，由其他部门发现差错，未造成经济损失扣 5 分；造成经济损失酌情 15~30 分	30 分
工作态度、劳动纪律	遵守各项规章制度，每有一次违反扣 2 分	10 分

（八）板房助理绩效考核评分标准

如表 7-20 所示。

表 7-20 板房助理绩效考核评分标准

考核项目	评价及计分标准	评分比例
物资管理	建立面料、物料收发登记账簿，验收入库和收发登记准确，按月盘点，账物相符。登记不准、账物不符酌情扣 5~20 分	30 分
档案管理	按质量体系文件要求对成品样板进出登记、签收和样衣、样板整理、归档、保管。每有一次差错或不符合标准要求扣 5 分	30 分
统计报表	完整、准确，每有一项差错扣 2 分	10 分
交办工作	按时、保质、保量完成资料、图片复印等板房主管交办工作，视完成情况酌情扣分	10 分
组织纪律	遵守各项规章制度，每有一次违反扣 2 分	10 分

参考文献

[1] 陈桂林 . 实用服装画表现技法 [M] . 北京：中国纺织出版社，2013 年。

[2] 陈桂林 . 女装设计 [M] . 北京：中国纺织出版社，2013 年。

[3] 东华大学继续教育学院 . 服装应用设计 [M] . 北京：中国纺织出版社，2011 年。